BÚSSOLA DE GESTÃO

PARA A CONSTRUÇÃO CIVIL

Tânia Belmiro
Organizadora

Colaboradores
Marco Antonio Portugal
João Alberto da Motta Gaspar
Lucedile Adriana Mendes Antunes
Guilherme Petrella
Carlos Henrique Studenroth
Fabricio Ryoiti Barros Osaki

BÚSSOLA DE GESTÃO
PARA A CONSTRUÇÃO CIVIL

Prefácio de
José Romeu Ferraz Neto
Presidente do Sinduscon - SP

Copyright© 2018 por Brasport Livros e Multimídia Ltda.
Todos os direitos reservados. Nenhuma parte deste livro poderá ser reproduzida, sob qualquer meio, especialmente em fotocópia (xerox), sem a permissão, por escrito, da Editora.

Editor: Sergio Martins de Oliveira
Diretora: Rosa Maria Oliveira de Queiroz
Gerente de Produção Editorial: Marina dos Anjos Martins de Oliveira
Editoração Eletrônica: Abreu's System
Capa: Use Design

Técnica e muita atenção foram empregadas na produção deste livro. Porém, erros de digitação e/ou impressão podem ocorrer. Qualquer dúvida, inclusive de conceito, solicitamos enviar mensagem para **editorial@brasport.com.br**, para que nossa equipe, juntamente com o autor, possa esclarecer. A Brasport e o(s) autor(es) não assumem qualquer responsabilidade por eventuais danos ou perdas a pessoas ou bens, originados do uso deste livro.

```
B981    Bússola de gestão para construção civil / Tânia Belmiro, organizadora –
        Rio de Janeiro: Brasport, 2018

        ISBN: 978-85-7452-883-0

        1. Administração de projetos 2. Construção Civil I. Tânia Belmiro
        II. Título.
                                                        CDD: 658.404
```

Ficha Catalográfica elaborada por bibliotecário – CRB7 6355

BRASPORT Livros e Multimídia Ltda.
Rua Teodoro da Silva, 536 A – Vila Isabel
20560-005 – Rio de Janeiro-RJ
Tels. Fax: (21)2568.1415/3497.2162
e-mails: marketing@brasport.com.br
vendas@brasport.com.br
editorial@brasport.com.br
www.brasport.com.br

Filial SP
Av. Paulista, 807 – conj. 915
01311-100 – São Paulo-SP

Dedicatória

Aos seres de bem deste mundo que se propõem a trabalhar em prol de seu crescimento sustentável, sempre atentos às necessidades dos que os cercam.

Àqueles que se propõem a trabalhar de forma colaborativa, com o coração aberto, sempre dispostos a ensinar e a aprender, inspirando-se nos exemplos dos mais humildes e sábios, sempre em consonância com o meio ambiente que os cerca.

Às pessoas que trabalham e lideram sem se importar com a raça, a etnia e o credo dos integrantes da sua equipe, pois só se importam com a busca por resultados por meio do mérito coletivo, da sua equipe e demais colaboradores.

A todos os familiares dos autores que deram total suporte e incentivo para as longas horas de pesquisa, de reuniões e de dedicação na redação de seus capítulos.

A cada autor que se empenhou em compartilhar, com todo desprendimento, seu conhecimento e sua experiência e colaborou mutuamente para a elaboração de cada capítulo deste livro.

Tânia R. Belmiro
Organizadora

Sobre os Autores

Tânia Regina Belmiro
Pós-Doutora em Engenharia de Produção (USP). Ph.D. em Engenharia de Produção (Heriot-Watt University, Escócia). Engenheira Eletricista (UFU). Certificada PMP (PMI) e PRINCE2® *Practitioner in Project Management*. Auditora Líder ABNT NBR ISO 9001.

Ministra treinamentos em *design thinking*, orientados à gestão de projetos. Instrutora do Sinduscon-SP no treinamento em gestão de projetos para engenheiros e coordenadores de obras. Desenvolveu projetos de reestruturação, implementação de metodologias e PM *advisory* nas áreas de BPM e gestão de projetos (PMI, Método Ágil e PRINCE2®) em empresas de grande porte.

Conselheira de Governança do capítulo do PMI de São Paulo (2018-2019). Diretora de eventos do capítulo do PMI de 2010 a 2012. Revisora da tradução do *PMBOK® Guide* (2013) e Revisora da Extensão em Construção do *PMBOK® Guide* de 2016. Professora em MBAs da FGV, FIA e Sustentare.

Gestão acadêmica e coordenação nos treinamentos *in company* e no MBA em Gerenciamento de Projetos em Luanda (Angola) pela BBS desde 2008. Autora de livros e artigos sobre gerenciamento de projetos, implantação de PMOs, gerenciamento de processos, mapeamento e modelagem de processos e gerenciamento da qualidade.

LinkedIn: <www.linkedin.com/in/tbelmiro>.

Marco Antonio Portugal
Sócio Diretor e Cofundador da Anuva, autor do livro "Como Gerenciar Projetos de Construção Civil", também publicado pela Brasport, é Mestre em Administração de Empresas, Gestão da Inovação, Capacidades Organizacionais pelo Centro Universitário FEI, formado em Engenharia Civil pelo Centro Universitário FEI, com MBA em Gerenciamento de Projetos pela FGV, MBA Executivo em Administração pelo Ibmec e MBA em Administração pelo Centro Universitário FEI.

Possui mais de 25 anos de experiência no setor de Construção Civil, sendo 19 deles em uma das dez maiores empresas do setor no Brasil, onde atuou como responsável por projetos de desenvolvimento estratégico, além de exercer posição funcional como gestor de Custos e Controle e de outras áreas da empresa. Possui certificação como PMP (*Project Management Professional*) pelo PMI (*Project Management Institute*).

LinkedIn: <https://www.linkedin.com/in/marcoantonioportugal/pt>.

João Alberto da Motta Gaspar
Mestrando no Programa de Pós-Graduação em Arquitetura, Tecnologia e Cidade pela Universidade de Campinas (Unicamp) desde fevereiro de 2017 e arquiteto formado pela FAU-USP em 1999. Possui mais de 17 anos de experiência em ensino, pesquisa e criação de material didático, à frente do TI Lab (centro de treinamento e especializado em BIM) e da ProBooks Editora, que tem sua sede em São Paulo.

Desde junho de 2017, Gaspar é Secretário da Comissão de Estudos Especiais 134 da ABNT, grupo responsável pela criação, edição e publicação das normas ABNT ISO NBR 15965 – partes 1 a 7 (Norma BIM). Entre agosto e dezembro de 2017, Gaspar integrou o Programa de Estágio Docente da Faculdade de Engenharia Civil, Arquitetura e Urbanismo na Unicamp, na disciplina Teoria e Projeto Integrado e Colaborativo X.

Como pesquisador, destacam-se a publicação e a apresentação de artigos em importantes conferências, como a SIGraDI 2017 (Concepción, Chile), CIB W78 2015 (Eindhoven, Holanda) e TIC 2015 (Recife). Gaspar também foi conferencista convidado para a mesa-redonda BIM e Educação na SIGraDI 2015 (Florianópolis).

Como diretor do TI Lab, merecem destaque: o acordo de cooperação técnica em processos BIM com a Secretaria de Planejamento do Governo do Estado de Santa Catarina, em dezembro de 2015, e o trabalho sobre conceitos de BIM para desenvolvimento de plano de ação em BIM para o escritório Mindlin Loeb + Dotto, entre dezembro de 2015 e junho de 2016.

Pela ProBooks Editora, João Gaspar atuou como editor dos livros "101 Conceitos em Arquitetura e Urbanismo na Era Digital" e "Arquitetura contemporânea e automação: prática e reflexão". Como autor, destacam-se os livros "Revit passo a passo – volume I" (em parceria), "ARCHICAD passo a passo", volumes I e II (em parceria), "Vectorworks passo a passo" e "SketchUp Pro 2013 passo a passo".

LinkedIn: <www.linkedin.com/in/joão-motta-gaspar>.

Lucedile Antunes
Engenheira Civil pelo Centro Universitário FEI, com pós-graduações nas áreas de gestão ambiental (FEI), responsabilidade social (USP), gestão para excelência do desempenho (FGV), excelência em gestão de pessoas (Disney Institute), empreendedorismo (Endeavor) e mapeamento de processos (FPNQ).

Auditora líder de certificadoras internacionais (LRQA e DNV GL) nas normas ISO 9001, ISO 14001, OHSAS 18001 e PBQP-H, totalizando desde então mais de oitocentas auditorias realizadas em sistemas de gestão, para organizações de diversos segmentos e portes, permitindo dessa forma uma visão ampla de processos e melhores práticas.

Sócia diretora da L. Antunes Consultoria & Coaching, empresa especializada em consultoria de processos e pessoas, instrutora de diversos treinamentos comportamentais e de gestão organizacional, instrutora do Sinduscon-SP, Coach Executiva e Life Coach credenciada pelo ICF – *International Coach Federation*.

Autora de diversos artigos sobre gestão e voluntária na *Junior Achievement* no programa miniempresas, que tem como objetivo despertar o espírito empreendedor nos jovens.

LinkedIn: <https://www.linkedin.com/in/lucedile-antunes-2b802428>.

Guilherme Petrella
Mestre em Administração de Negócios pela Ohio University (EUA), Especialista em Gerenciamento de Projetos pela Fundação Getulio Vargas, certificado PMP (*Project Management Professional*) e PMI-RMP (*Risk Management Professional*) pelo PMI (*Project Management Institute*) e Engenheiro Civil pela Universidade Presbiteriana Mackenzie.

Professor em cursos de pós-graduação da Fundação Getulio Vargas desde 2006, coordenou o Grupo de Estudos Técnicos de Engenharia e Construção (GET-E) do PMI-SP e a Divisão de Gerenciamento de Empreendimentos do Instituto de Engenharia.

Diretor de Engenharia da Alfa Realty, sua experiência profissional foi adquirida como colaborador/consultor das seguintes empresas: HOCHTIEF do Brasil, Walter Torre Jr., Roca Fundações, Odebrecht, WBS Gerenciamento, Método Engenharia, Vizca Consultoria, Sabesp e WalMart.

LinkedIn: <https://www.linkedin.com/in/guilherme-petrella-77880610/>.

Carlos Henrique Studenroth
Formado em Administração de Empresas pelo Centro Universitário das Faculdades Metropolitanas Unidas (FMU) em 2000, cursou pós-graduação *latu sensu* em Finanças Empresariais pela Fundação Escola de Comércio Álvares Penteado (FECAP), cursou os programas de MBA em Economia da Construção Civil e Gestão Estratégica e Econômica de Projetos pela Fundação Getúlio Vargas (FGV-SP).

Atua como Diretor Administrativo e Financeiro no Grupo RFM, empresa do setor de Construção Civil, e também na rede hoteleira Txai Resorts. Possui forte atuação em gestão de custos e relação com investidor.

Participa ativamente no comitê estratégico da empresa e na definição da metodologia de gestão a ser adotada nos diversos projetos da companhia. Em 2008 foi responsável pela implantação do SAP para o Grupo RFM, atuando como Gerente de Projetos.

LinkedIn: <https://www.linkedin.com/in/carlos-henrique-studenroth-81238530>.

Fabricio R. Barros Osaki

Formado em Direito pela Pontifícia Universidade Católica de São Paulo (PUC-SP) em 2001, cursou pós-graduação *latu sensu* em direito contratual na PUC-SP/COGEAE, direito processual civil na Escola Paulista de Magistratura e MBA no programa conjunto das universidades PUC-SP, UCP (Porto, Portugal) e UCAN (Luanda, Angola).

Mestrando em Direito Político e Econômico na Universidade Mackenzie. Atuou como professor convidado nas faculdades de direito da Universidade Gregório Semedo e na Universidade Independente de Angola, ambas em Luanda, Angola. Membro do Instituto de Direito Comparado Brasil-Japão.

Artigo publicado: "Sequestro no Direito Processual Civil", *in* "Processo Cautelar, Estudos Avançados", organizado por Antonio Cláudio da Costa Machado e Marina Bezzoni, Ed. Manole, São Paulo, 2010.

Atua especialmente na área de solução de disputas, com ênfase nas áreas de direito comercial, civil, societário, consumidor, direitos difusos e coletivos, assim como consultoria relacionada.

LinkedIn: <https://br.linkedin.com/in/fabricio-r-barros-osaki-98638638>.

Prefácio

"Sempre fiz desse jeito. Por que mudar?"

Você é projetista, incorporador, construtor, fabricante de materiais ou instalador de sistemas prediais, estressado por custos e prazos? Trabalha em alguma empresa da cadeia produtiva da construção premida pelo "fazer" e pelo "entregar"? Considera que os atuais métodos de gestão empregados nos seus processos são suficientes para dar conta do recado e não precisa investir neles? Ou constata que várias lacunas na gestão não estão devidamente contempladas pelas práticas que você adota?

Pois bem, se a resposta para alguma dessas questões for positiva, este livro foi feito sob medida para você. A indústria da construção atingiu tal grau de complexidade que nós, os *players* do setor, precisamos rever constantemente nossos processos de planejamento e gestão, integrá-los cada vez mais entre si e com a execução das obras, desvendar novas práticas e métodos construtivos, além de conhecer e introduzir ferramentas inovadoras.

Todos estamos tão mergulhados no dia a dia da execução que pouco refletimos sobre essas questões. Cuidado. Quando deixamos a visão imediatista do negócio prevalecer, ou acreditamos que vai dar certo mais uma vez porque sempre gerenciamos da mesma maneira, aumentamos consideravelmente o risco de problemas acumularem.

Pouco tempo dedicado a planejamento; projetos de estruturas e de instalações repletos de colisões; contratos juridicamente mal amarrados com fornecedores; desperdícios e retrabalhos derivados de falhas na gestão da qualidade do projeto e da execução; má gestão financeira derivada da sofrível gestão do projeto; gastos inexplicáveis no pós-obra; equívocos elementares no controle do meio ambiente de trabalho, saúde e segurança – tudo isso e muito mais acaba colocando em risco o resultado do negócio, sua saúde física e emocional, a reputação de seu trabalho e, no limite, a sobrevivência de sua empresa.

Uma das qualidades desta coletânea de artigos de especialistas, coordenada pela consultora e professora Tânia Belmiro, é sua concepção. Ante a resistência natural do público-alvo a mudanças, aqui as informações são transmitidas de forma leve e didática, sem aprofundamentos teóricos cansativos.

Assim, o leitor poderá entender como realizar a análise integrada dos principais processos de planejamento, execução e gestão na construção civil e aprender sobre a mudança de cultura da empresa e de seus profissionais com a implementação de processos de trabalho baseados em BIM (*Building Information Modeling*, ou Modelagem da Informação da Construção).

Outra qualidade da obra é que os autores se preocuparam em mostrar que, para evoluir nos processos de planejamento, gestão e execução, não são necessárias ações complexas nem é preciso mobilizar recursos vultosos. Muitas das ações aqui propostas requerem atitudes práticas e investimentos razoáveis, se comparados aos prejuízos que poderiam advir sem sua adoção, sendo, portanto, acessíveis a empresas de todos os portes.

A adoção gradual dessas mudanças também melhora a governança nas empresas. Diferentemente do que alguns ainda afirmam, planejar bem e aperfeiçoar a análise e a gestão integrada de processos não é perda de tempo. Ao contrário, o empreendedor/gestor libera-se de problemas e ganha tempo para se dedicar a outras atividades estratégicas, como prospectar novos negócios.

Fazer bem toda essa lição de casa trará resultados futuros não somente em termos financeiros como no fortalecimento da imagem. A empresa passa a ser percebida como sendo plenamente capaz de entregar o que promete, com a qualidade exigida e dentro dos custos e dos prazos pactuados. Na construção civil, sabemos como essas qualidades são extremamente valiosas.

Uma vez compreendidos os conceitos, introduzidas as mudanças, feitos os investimentos em aquisição e capacitação, e aperfeiçoando continuamente a análise e a gestão integrada de processos, os ganhos em produtividade e competitividade serão expressivos.

Boa leitura!

José Romeu Ferraz Neto
Presidente do Sinduscon-SP (Sindicato da Indústria da Construção Civil do Estado de São Paulo) e vice-presidente da CBIC (Câmara Brasileira da Indústria da Construção) e da Fiabci-Brasil (Federação Internacional Imobiliária). Sócio da RFM Construtora.

Sumário

Introdução	**1**
1. Gestão de projetos na construção..	**5**
1.1. Uma síntese da evolução do setor da construção no Brasil	6
1.1.1. O setor da construção no Brasil tomando forma	8
1.1.2. Da perspectiva do Brasil colônia para o de uma nação independente	8
1.1.3. O crescimento do setor da construção no Brasil toma novos ritmos..	9
1.2. Gestão do administrativo ao canteiro de obras	16
1.3. Nível de maturidade em gestão de projetos na construção......	19
1.4. Boas práticas e metodologias de gerenciamento de projetos ..	24
1.5. Diretrizes para implantação de um método de gestão de projetos	26
1.6. Esboçando um método de gerenciamento de projetos na gestão da sua obra	31
1.7. Conclusão	42
Bibliografia...	43
2. Governança corporativa	**45**
2.1. Caixinha de ferramentas...	46
2.2. Escolha das ferramentas..	47
2.3. Programa de integridade..	51
2.4. Conclusão	69
Bibliografia...	71

3. **O papel da BIM (*Building Information Modeling*) na gestão dos processos de projeto e obra** 76
   3.1. Introdução 76
   3.2. O que é BIM? 78
   3.3. O que não é BIM? 80
   3.4. Para que vai servir BIM na minha empresa? 82
   3.5. BIM como promotor de alterações nos processos das empresas: a metáfora da festa de casamento 84
      3.5.1. Você já foi a uma festa de casamento? Ou então... você já produziu salgadinhos para uma festa de casamento? 84
      3.5.2. Mudanças à vista 88
      3.5.3. Tomando uma atitude! 89
      3.5.4. Cenário provável quando se adotam medidas sem planejamento 90
      3.5.5. O que essa história de salgadinho, casamento, blá, blá, blá, tem a ver com BIM? 93
      3.5.6. Para ter sucesso na implementação, é preciso mudar os processos. Eu ouvi "ERP"? 94
   3.6. Tecnologia: conheça as peças que fazem um motor BIM funcionar 94
   3.7. Gestão das políticas de implementação 100
   3.8. Por onde começar? 101
   3.9. Conclusão 105
   Bibliografia 106

4. **Como implementar sistemas de gestão que tragam resultados para a sua empresa** 109
   4.1. Introdução 109
   4.2. O caminho para a excelência 110
   4.3. Como estruturar sistemas de gestão eficientes 115
   4.4. Gestão de processos x gestão por processos 116
      4.4.1. Como conduzir a estruturação dos processos 118
   4.5. Desafios na implantação dos sistemas de gestão 120
   4.6. A importância das pessoas no contexto organizacional 122
      4.6.1. Passos para construir uma grande equipe 124
      4.6.2. O que motiva e retém as pessoas? 126
   4.7. Cultura organizacional 127
   4.8. Liderança inspiradora na gestão de pessoas 128
   4.9. Aprendendo com os erros 131
   4.10. Gerenciando os riscos 133
      4.10.1. Tipos de riscos 134
      4.10.2. Como implantar a cultura de gerenciar riscos 134

4.11. Medindo os resultados	135
4.12. Conclusão	137
Bibliografia	138

5. Soluções técnicas e métodos construtivos ... 139

5.1. Introdução	139
5.2. Algumas definições	140
5.3. A extensão, os *drivers* e os impulsionadores dos métodos construtivos	140
5.4. Métodos construtivos e o ciclo de vida do empreendimento	144
5.5. A qualidade como fator crítico de sucesso	152
5.6. Métodos construtivos – abordagens não técnicas	154
5.7. Métodos construtivos e a inovação	157
5.8. Como ser um agente da evolução?	159
5.9. Entrevista: como é a introdução de um novo método construtivo no Brasil	163
5.10. Conclusão	166
Bibliografia	166

6. Gerenciamento financeiro de uma obra ... 168

6.1. Aspectos gerais	168
6.2. A concepção do projeto sob a ótica financeira	169
6.3. Planejamento financeiro de uma obra	174
6.3.1. Estimativas iniciais dos custos	174
6.3.2. Definindo o orçamento da obra	177
6.3.3. Formando o preço de venda ou valor da obra	181
6.3.4. Fatores econômicos que afetam o preço de uma obra	185
6.4. Controlando os custos do projeto	188
6.4.1. Gerenciamento do valor agregado	191
6.4.2. Previsão	195
6.4.3. Análises de desempenho	198
6.5. Desafios que dificultam a gestão financeira	200
6.5.1. Eventos na obra que influenciam a gestão financeira	201
6.5.2. A influência do cliente	204
6.5.3. Indefinições e mudanças: o que fazer?	207
6.6. Conclusão	209
Bibliografia	210

7. O papel do jurídico em projetos de construção civil ... 211

7.1. Apontamentos iniciais	211
7.2. Localizei um imóvel, parece uma ótima oportunidade. O que devo avaliar?	212

7.3. Limitações administrativas: direitos e deveres do
administrado 214
    7.3.1. Limites e competências 214
    7.3.2. Direitos e deveres do administrado................... 216
7.4. Aspectos contratuais: elementos e preocupações básicas 219
    7.4.1. Considerações iniciais...................................... 219
    7.4.2. Identificação das partes.................................... 220
    7.4.3. Objeto, direitos, obrigações, prazos................... 221
7.5. Particularidades próprias à natureza jurídica das contratações 222
    7.5.1. Contratações com empregados......................... 222
    7.5.2. Contratações com fornecedores de insumos e serviços 224
    7.5.3. Contratações envolvendo relações de consumo........... 230
7.6. Conclusão 235
Bibliografia.. 238

Glossário 240

Introdução

Gerenciar projetos e obras a partir do entendimento de que o planejamento integrado é fundamental, quando se trata de avaliar todas as variáveis, fatores internos e externos que influenciam o sucesso de um empreendimento, é a questão central neste livro. Especialistas do setor da construção civil se juntaram com o propósito de escrever aquilo que sabem sobre as melhores práticas de gestão para a construção civil, dentro da especialidade de cada um. A intenção é oferecer informações atualizadas e de qualidade, para auxiliar o leitor na construção de seus próprios modelos de gestão e assim desenvolver seu caminho para um crescimento condizente com as necessidades de seus negócios.

A cultura da informalidade e a falta de um planejamento adequado em gestão dos negócios e empreendimentos, somadas à falta de transparência nas relações entre parceiros, que dão margem para práticas inapropriadas, contribuindo para minar a credibilidade do setor perante os olhos da sociedade, promovem a urgente necessidade de mudança de rumo.

No desenrolar do livro, escrito em uma linguagem clara e direta, é esperado que o leitor encontre questionamentos e fatos do dia a dia do setor da construção civil que permitam refletir sobre o que fazer para promover mudanças para patamares superiores de maturidade em gestão de projetos e obras, reduzindo desperdícios, por meio do uso mais consciente dos recursos, aumentando a produtividade, garantindo a satisfação dos clientes e promovendo maior valia para a sociedade como um todo.

Cada especialista trouxe uma visão consistente e construtiva de gestão aliada à sua visão prática, de quem vive o dia a dia da construção e que percebe a necessidade de mudanças.

O Capítulo 1 traz uma breve reflexão sobre as práticas de gestão na construção civil no país, fundamentada em um contexto histórico desde o Brasil colônia até o presente dia. Em seguida, relembra que as boas práticas de gestão de projetos e obras devem ser construídas após uma análise do estágio atual de maturidade em gestão do seu próprio negócio. Dessa forma, é possível desenvolver uma metodologia de gestão de obras com bases sólidas e preparadas para suportar mudanças estruturais em sistemas e processos. Um breve método de gestão de projetos é apresentado ao final do capítulo. Como modelo, deve ser adaptado ao tamanho, à natureza, à maturidade em gestão e à complexidade da sua obra.

O Capítulo 2 aborda a importância de um sistema de governança, em um negócio, para a manutenção de práticas garantidoras do bom relacionamento entre todas as partes que constituem um empreendimento. Implementar governança implica, necessariamente, em conhecer bem a estrutura organizacional do negócio, para que sejam escolhidas as ferramentas adequadas, ou seja, aquelas que permitem a obtenção de maior clareza sobre o que fazer e como fazer, segundo processos, procedimentos e regras claras de conduta.

O Capítulo 3 apresenta uma nova forma de trabalhar projetos e obras, integrando-os entre todos os elos da cadeia de produção. Esse novo olhar de fazer construção representa, em essência, a implantação de BIM (*Building Information Modeling*, ou Modelagem da Informação para Construção), que não deve ser entendido como a implantação de um sistema para se projetar em 3D, mas deve ser compreendido como um modo diferente de se trabalhar. Na busca desse propósito, o engajamento dos executivos à frente da implantação do BIM representa a razão do seu sucesso. A implantação do BIM é inevitável nesse mundo da velocidade, da comunicação digital e gestão multidisciplinar. Os benefícios são muitos em termos de alinhamento dos processos de construção com o aumento da produtividade.

O Capítulo 4 traz diversas ideias para a implantação eficiente de sistemas de gestão, da qualidade, meio ambiente ou segurança e saúde. O sucesso está na adequação dos processos aos seus propósitos alinhados com a cultura da empresa, buscando sempre as melhores práticas de trabalho, aprendendo com os erros, gerenciando riscos continuamente e medindo os resultados, mas, acima de tudo, o sucesso está em uma gestão mais humana dos seus recursos humanos. O desenvolvimento das pessoas e a capacitação de lideranças cujas crenças estejam pautadas na melhoria contínua, na construção de uma cultura participativa e em políticas de engajamento representam a diferença entre um tipo de implantação, com propósitos apenas de certificação, de outro que realmente promova o crescimento e a maturidade do negócio, do projeto e das pessoas.

O Capítulo 5 apresenta exemplos e justificativas de por que as empresas no setor da construção deveriam refletir sobre os benefícios da adoção de novas ferramentas, técnicas e, portanto, métodos construtivos modernos e eficientes, sob o ponto de vista de uso mais eficiente dos recursos. Novos métodos construtivos representam, em muitos casos, o diferencial em produtividade. Naturalmente, deve-se avaliar a pertinência de um novo método à natureza da obra e às condições locais. Para o enriquecimento dessa abordagem o autor apresenta um pequeno estudo de caso, onde uma empresa do município de Fortaleza, no Ceará, ilustra os desafios de implantar algo novo e os seus ganhos, assim como as restrições.

O Capítulo 6 trata da gestão financeira de uma obra. A sua eficácia está justamente na obtenção correta de dados, na definição clara de critérios, no estudo de viabilidade mais acurado, no envolvimento e na maior participação do cliente e, sem dúvida, no planejamento adequado da gestão da obra. Está cada vez mais comprovado que a gestão financeira baseada nos imprevistos, nas exceções, no "tira daqui e coloca ali", é uma receita para o insucesso do empreendimento e para receitas com margens muito menores. O autor apresenta o passo a passo, com exemplos bem didáticos, de um modelo de gestão simples que, sem dúvida, fará diferença na forma de gerenciar e controlar sua obra, gerando resultados positivos para todas as partes envolvidas.

O Capítulo 7 trata da gestão jurídica e das avaliações e cuidados que se deve ter tanto na escolha e aquisição do imóvel como nas demais etapas do empreendimento, sobretudo nas diversas contratações relacionadas. Defende-se uma visão sistêmica das variáveis que podem representar riscos ao empreendimento e ao negócio e que, se não observadas, podem gerar danos, inclusive à imagem da organização, com conhecidos pleitos em consequência. Coloca-se como essencial, assim, a integração dos departamentos, com alinhamento de decisões administrativas e técnicas, juntamente com avaliação de aspectos jurídicos.

Esperamos que este livro permita aos leitores alcançar um entendimento sobre temas essenciais a uma melhor condução e gestão do seu empreendimento, primando sempre por melhores relações entre as partes envolvidas com base na ética nas relações de negócios.

Esperamos também que a discussão integrada dos temas permita a todos uma reflexão que ajude a repensar seus modelos de gestão, buscando melhorar seus patamares de competitividade e produtividade de forma sustentável (financeiramente viável, socialmente justa, ética, ambientalmente correta e culturalmente aceita pela sociedade). Em resumo, a intenção é que este livro seja uma semente para alavancar a maturidade de gestão na construção civil, condizente com o potencial existente no setor.

1. Gestão de projetos na construção

Tânia R. Belmiro

O principal objetivo deste capítulo é servir de inspiração para nossos leitores e permitir um novo olhar para como nos relacionamos, o que fazemos e do que precisamos para fortalecer a gestão de obras no Brasil para suportar os desafios do futuro.

O histórico despretensioso descrito no início do capítulo traz alguns elementos cronológicos desde o período de império colonial português, passa pelo início dos grandes empreendimentos do século XX, para traçar um perfil de comportamento e cultura que rege o modelo de gestão no setor da construção do Brasil demonstrando avanços progressivos em tecnologia, mas muito pouca inovação em métodos construtivos e de gestão de obras. Ainda no século XXI a maturidade em gerenciamento de projetos apresenta baixos indicadores e, como consequência, baixa produtividade geral.

A análise dos benefícios das práticas de gestão para a cadeia da indústria da construção e, não obstante, para os empreendimentos (obras) serve para direcionarmos nossa discussão para a importância do planejamento estratégico que culmine no planejamento de uma gestão integrada da obra. Por último, apresento um método simples para ilustrar um possível caminho desde as atividades de levantamento da viabilidade à definição do plano de negócios, do planejamento à execução e finalmente ao encerramento da obra, passando por diversos pontos de solicitação de mudanças e controles.

Espero que a partir deste capítulo você perceba a gestão de seu empreendimento de forma a inspirá-lo na busca por melhorias necessárias no seu modelo de gestão para migrar para um patamar mais alto na curva de maturidade na gestão da sua obra e do setor como um todo.

1.1. Uma síntese da evolução do setor da construção no Brasil

Sem a pretensão de denominar esta seção "uma breve história da construção no Brasil", busco apenas apresentar alguns aspectos gerais, em ordem cronológica, relacionando o desenvolvimento do setor do período pré-colonial aos dias atuais, para que o leitor possa perceber a razão de algumas das nossas atuais práticas de gestão.

Na verdade, "engenhamos" desde que o homem saiu das cavernas. Os índios brasileiros, portanto, já praticavam engenharia na construção de suas ocas.

Contudo, aqui, vamos nos concentrar em tratar alguns dos aspectos da formação do setor após a chegada dos portugueses e sua influência arquitetônica e cultural.

Foi possível identificar que, desde as primeiras construções portuguesas, como fortes e igrejas e, posteriormente, conventos, casas, prédios públicos, muros, ruas, engenhos, prisões, os estilos arquitetônicos europeus (exemplos: o renascentista, o barroco, o neoclássico) foram adaptados aos materiais e às condições socioeconômicas locais (BUENO, 2011).

A presença da arquitetura europeia no território brasileiro surge mais fortemente com as capitanias hereditárias a partir de 1530, em Olinda, São Vicente e Salvador. Nos séculos seguintes as mudanças de estilos foram acontecendo de forma progressiva, assim como as explorações de outras regiões do Brasil.

Muitas tecnologias e métodos construtivos vieram, naturalmente, com o conhecimento dos religiosos, dos engenheiros do exército e os chamados mestres de ofício (pedreiros e carpinteiros), que, em sua maioria, vinham de Portugal, Itália e Espanha.

Aos mestres de ofício cabia, muitas vezes, a responsabilidade pela concepção, execução, até o controle das obras, já que os engenheiros militares, mais preparados, eram em menor número para alcançar todas as capitanias. Somente a partir da determinação de um decreto da coroa, datado de 1732, é que os mestres de ofício tiveram a obrigatoriedade de fazer cursos de medições e desenhos em edificações. Esses mestres eram certificados pelos engenheiros militares, para assim poderem exercer a profissão nos projetos de construção das câmaras do reino, das igrejas e dos senhorios (BUENO, 2011).

Percebe-se, portanto, que a partir dessa época existe um aumento da preocupação do governo central com relação a um maior preparo desses profissionais.

Por meio da Carta Régia de 1810, a Academia Real Militar do Rio de Janeiro forma os especialistas militares em fortificações. Em 1858, na então denominada Escola Central, surge a formação de engenheiro civil. Segundo ainda ABUD e MILHAREZI (2002), somente a partir de 1899 a Escola Politécnica de São Paulo formou os primeiros engenheiros arquitetos no Brasil, surgindo somente em 1940 as primeiras instituições como a Escola de Belas Artes do Rio de Janeiro, Bahia e Pernambuco, com a formação do que hoje denominamos arquitetura.

Naturalmente, tecnologias, métodos e modelos arquitetônicos foram também adaptados às condições climáticas, financeiras e, finalmente, à matéria-prima disponível e em abundância em cada região do Brasil, como o barro, a palha, as rochas e a madeira. Um tempo depois aparecem o tijolo de adobe, feito de terra crua, água, palha e fibras naturais (como esterco de gado), a taipa de mão e de pilão e a telha de barro para os mais abastados.

Figura 1. Casa de taipa.
Fonte: autora.

As rochas são usadas como matéria-prima nas edificações urbanas, como no calçamento de ruas, e nas construções militares, como fortes e muros (BUENO, 2011).

Com o passar do tempo, muitos desses mestres, pedreiros e carpinteiros, naturais de Portugal, converteram-se em verdadeiros empresários da construção civil, no Brasil e nas outras colônias.

1.1.1. O setor da construção no Brasil tomando forma

O desenvolvimento do setor segue à base da tentativa e do erro, os costumes e a erudição vão passando de geração para geração, em uma estrutura de negócio familiar, sendo que cada família empreende ao seu modo, fazendo o planejamento, a gestão e a construção de acordo com entendimento do patriarca.

A cada entrante nesse ramo cabe empreender uma nova obra. É comum que um empresário entrante no setor se confunda e misture a gestão e execução de uma primeira obra de construção com a gestão da própria empresa na sua fase de formação. O desenvolvimento do empreendimento pelo entrante, seja uma edificação ou construção pesada, de pequeno ou grande porte, acontece de acordo com sua capacidade produtiva e de investimento, sua capacidade técnica, sua capacidade de tomar riscos, sua estrutura de *lobbies*. Ao prosperar em sua primeira empreitada, a nova empresa passa, assim, a coexistir com empresas de outras famílias que tradicionalmente empreendem no setor.

Neste capítulo, nossa pretensão não é retratar fielmente os fatos históricos do setor, e sim mostrar algumas iniciativas do Brasil colônia que deixaram impregnadas no nosso DNA cultural o jeito de "engenharmos" nos dois séculos mais recentes e as consequências disso nos dias atuais; portanto, desse ponto, já saltamos em nossa cronologia para o final do século XIX.

1.1.2. Da perspectiva do Brasil colônia para o de uma nação independente

A partir da consolidação do Brasil como uma nação independente, em meados do século XIX, iniciam-se grandes e importantes obras de construção pesada, como ferrovias, rodovias e portos. Já as indústrias de siderurgia, mineração, termoelétricas, hidrelétricas e de óleo e gás destacam-se somente em meados do século XX (SCHWARTZ; CAMARGO, 2014).

De maneira muito similar ao período do Brasil colônia, os construtores do século XX passam a utilizar modelos de gestão, tecnologias e métodos construtivos importados dos países bem-sucedidos pós-revolução industrial, como a Inglaterra, a Espanha, os Estados Unidos, a Itália e a França.

O encantamento de todas as indústrias por tecnologias que pudessem fazê-las saltar de patamar de produtividade se deve, em especial, às novidades da segunda grande onda da revolução industrial do final do século XIX. A preocupação com a gestão de recursos concentra-se somente na operação dos recursos materiais e de equipamentos.

Como as proporções de produção tomaram, em geral, escalas em que os "donos dos negócios" jamais viram, nascem, por necessidade de sobrevivência, as Escolas de Administração de Taylor, Fayol e Ford do final do século XIX a meados de 1950 (século XX). Timidamente, estudos e pesquisas passam a considerar o ser humano e os processos como parte importante na busca por produtividade. Controle da produção era o que existia. Garantia da qualidade é discussão para mais tarde, já por volta de 1960, com grandes contribuições da nascente escola japonesa de gestão, após a Segunda Guerra. Espere e verá! A competição global pós-Guerra Fria ditará novos modelos de gestão.

1.1.3. O crescimento do setor da construção no Brasil toma novos ritmos

De 1940 em diante, quando a construção civil já era considerada avançada no Brasil, destaca-se o uso da tecnologia do concreto armado. Passamos, na década seguinte, 1950, por um avanço do processo de industrialização, acelerado pelas políticas públicas e econômicas (CAPUTO; MELO, 2009).

Em 19 de setembro de 1956, a lei nº 2.874 delimita oficialmente o território do novo distrito federal e cria-se a Companhia Urbanizadora da Nova Capital (NOVACAP), um marco histórico para o desenvolvimento do setor no país.

Um edital foi aberto e 26 projetos foram entregues à Comissão Julgadora do Plano Piloto de Brasília, a nova capital federal.

O projeto de Lúcio Costa foi o vencedor e a partir daí começa a contratação das construtoras e gerenciadoras que tiveram ao seu comando, no seu pico em 1959, o desafio de gerenciar 60 mil pessoas em um canteiro gigante de obras. Em 21 de abril de 1960, Brasília é inaugurada, com uma população de 100 mil habitantes. Uma ressalva aqui se faz ao discurso do deputado Ranieri Mazzili, que diz: "mais ainda do que um milagre da vontade humana, Brasília é um milagre da fé"[1]. Daí em diante, segue como antes, nossas outras grandes obras públicas e não muito diferente as privadas, como pouca gestão, muita ineficiência, grandes margens de lucros, muitos desperdícios, desvios por falta de controle, mas muita fé.

O Brasil, então rotulado de Terceiro Mundo, ganha do mercado financeiro global, já no final da década de 1960, um novo status: o de "país em desenvolvimento". A mudança de rótulo muda a percepção de credibilidade dos investidores, em grande maioria, os americanos, sobre nossa capacidade de honrar esse crédito em troca de juros generosos. Além disso, no período da Guerra Fria, países ricos buscavam o fortalecimento da polarização e dos aliados. América do Sul passa a gerar interesse.

Naturalmente, outras conjunturas políticas e econômicas possibilitaram a entrada do capital estrangeiro na economia industrial brasileira. Quase 97% desse capital foi direcionado para o setor da indústria de transformação (CAPUTO; MELO, 2009). Assim, surgiram as maiores demandas para construção pesada (hidroelétricas, portos, rodovias), obras de engenharia (fábricas) e edificações em geral (casas ao redor das novas indústrias), para suprir as necessidades de uma indústria em franca ascensão.

Somado a esse fator, por uma decisão política e econômica inicia-se em 1956 o processo de transferência da capital do Brasil, viabilizando assim o interesse da população por instalar e gerar riquezas nas regiões centro-oeste e norte. Sabemos o impacto positivo para o setor da construção, abrindo assim grandes oportunidades para novos empreendedores.

---

[1] Fonte: <http://blogdoarretadinho.blogspot.com.br/2011/09/brasilia-origens-e-historia.html>.

1980, considerada a década perdida, marca um período onde o país amargou uma dívida pública alta, endividamento dos setores privados a patamares descontrolados, ascensão da inflação, negociação de dívidas com FMI, processo de mudança política, luta pela democratização do Brasil e aí vai. Pagando juros elevadíssimos de uma dívida externa e interna, o que restou para muitos setores foi lutar para sobreviver. Pouco ou quase nenhum investimento aconteceu na renovação dos parques tecnológicos e industriais. Como consequência, estagnação da economia e do setor da construção.

Na década de 1990 inicia-se um lento processo de busca de qualidade do produto (edificações e construção pesada), capacitação da mão de obra (a onda da sala de aula nos canteiros) e busca por maior profissionalização na gestão da construção, como em todos os setores. Contudo, na construção esse processo foi bem mais lento que nas indústrias dos setores eletroeletrônico e automobilístico, por exemplo.

A competição fica mais árdua, e novos arranjos econômicos iniciam-se entre algumas organizações que tentam viabilizar seus projetos de crescimento e poder político. Entre as maiores na época, reforça-se um modelo de gestão já existente há mais de 30 anos, onde parcerias com o governo, sem adequada governança, uma gestão caótica, com planejamentos superficiais baseados em critérios acertados e orientados pelos interesses individuais de alguns empresários e servidores públicos, culmina na CPI das empreiteiras de 1992, que, por não ir adiante, toma proporções insustentáveis ao longo dos anos e o resultado disso são as operações deflagradas a partir da Lava-Jato em 2014!

Não existe empresa no setor não envolvida em maior ou menor grau com algum escalão do governo, dos municípios à federação. Mesmo que o cliente não seja o governo, a empresa depende dele para licenciamentos de suas obras.

A demanda nacional por casas cresce de forma galopante, nossa população vai de 90 milhões em ação (trecho de música-tema da Copa do Mundo de 1970) para quase 208 milhões em 2017 (IBGE, 2017). Programas importantes para redução do déficit aparecem, como o "Minha Casa, Minha Vida", financiados pelo BNH (Banco Nacional da Habitação), CEF (Caixa Econômica Federal) e fundos como FGTS (Fundo de Garantia do Tempo de Serviço), impulsionando largamente os projetos no setor da construção no Brasil de norte a sul.

Movida por um momento de ouro no Brasil, por conta das ofertas de obras, a Encol configura um caso clássico de excelência técnica, de rápido crescimento e capacidade de capilarização dos seus serviços, revolucionando todo o mercado da construção civil a nível nacional. Infelizmente, isso não foi acompanhado pelo desenvolvimento das habilidades de gestão e por volta de 1990 a empresa já demonstra sinais de perda de confiança do mercado. O crescimento rápido, a falta de gestão de projetos e de riscos, além do Plano Real, que demanda mudanças substanciais na gestão financeira, resultam na falência em 1999 de uma potência na história da construção civil no Brasil (TASCA, 2012).

Decisões estratégicas sobre o rumo dos negócios e sobre o produto construção, sem sombra de dúvidas, permanecem até os dias de hoje nas mãos do dono das construtoras e das empresas de engenharia, e seu corpo diretor atua mais como conselheiro. No máximo, os diretores financeiro e comercial definem os rumos das obras e do negócio (visão estratégica) – se não eles mesmos, os proprietários. Se construções são de natureza técnica, onde entra a participação mais efetiva dos diretores de engenharia e operação na gestão estratégica do negócio e do projeto (obra)? Bom, vamos abordar essa prática mais adiante.

A partir dos anos 2000, já fruto das demandas da era da qualidade no Brasil, o setor considera na sua gestão os sistemas de gestão da qualidade, o ambiental e de segurança e saúde, no canteiro de obra. Devido a maior pressão social e regulamentações mais exigentes do governo, o setor se prepara para implantação dos sistemas de qualidade, de gestão de segurança e saúde e de gestão ambiental.

O esforço é grande para implantar e maior ainda para manter, já que a cultura do empresário é de busca por margens e a do engenheiro, a de concluir a obra no prazo. Portanto, a manutenção de tais sistemas, ainda nos dias de hoje, é vista como tomadora de tempo ou como burocracia de pouco utilidade, pois os princípios e valores ainda não foram assimilados pelas pessoas.

Contudo, o que percebemos é que a sociedade de maneira geral tem mudado sua percepção de valor sobre questões ambientais, e isso, direta e também indiretamente, influencia os empresários do setor da construção nas mudanças em busca de projetos mais sustentáveis.

Tais iniciativas demandam um novo olhar para o modelo de gestão, e alguns executivos já percebem isso como um diferencial estratégico. Um exemplo claro é o crescente interesse do setor pelas certificações verdes de construção (*green building*).

Contudo, a maioria dos empresários ainda mantém o velho paradigma e pensamentos como: "ok, isso parece legal e pode deixar nossas campanhas de marketing com mais glamour. Se isso não nos custar muito mais, aprovado!"

Não restam dúvidas de que um fator importante que tem impulsionado o setor a rever seus modelos de gestão no que diz respeito ao meio ambiente, ao desenvolvimento de melhores práticas de gestão de segurança e à saúde dos colaboradores são as leis. Um exemplo disso, no caso do meio ambiente, é o Estudo de Impacto Ambiental (EIA), sem o qual um projeto não é autorizado. No caso de saúde e segurança do trabalhador, as pesadas punições na ausência de boas práticas também seguem promovendo importantes mudanças nos modelos de gestão.

O conceito mais disseminado no mundo corporativo sobre o significado de uma gestão sustentável é o de que uma empresa tenha que ser financeiramente viável, ambientalmente correta e socialmente justa para se perpetuar. Por décadas o que se buscava na gestão eram práticas que permitissem uma melhor saúde financeira da empresa, com maiores retornos sobre os investimentos, *payback* e tudo o mais.

Hoje sabemos que a saúde financeira de qualquer setor, em especial o da construção, não se sustenta sem uma clara política de gestão ambiental e de responsabilidade social. Novas práticas e custos estão sendo refeitos para que o social e o ambiental se encaixem nos orçamentos. Isso claramente demanda uma nova forma de gerenciar os negócios e um novo olhar para as práticas do setor. O lema atual é: "adeque-se ou não sobreviverá no futuro".

Os últimos eventos deflagrados pela operação Lava Jato[2] nos obrigam a ampliar o conceito de sustentabilidade na gestão. Pergunta: a falta de ética na gestão

---

[2] Deflagrada em março de 2014, apura a corrupção de várias empreiteiras brasileiras na licitação de projetos com a Petrobras e o tráfico de influência entre os executivos dessas empresas e os líderes de alguns partidos políticos.

pode afetar a sustentabilidade do seu empreendimento e, por consequência, do seu negócio? Pensando nisso, incluí a discussão sobre a ética na pauta do que vem a ser uma empresa sustentável e a fundamental importância de uma gestão transparente por meio de práticas eficazes na gestão dos projetos.

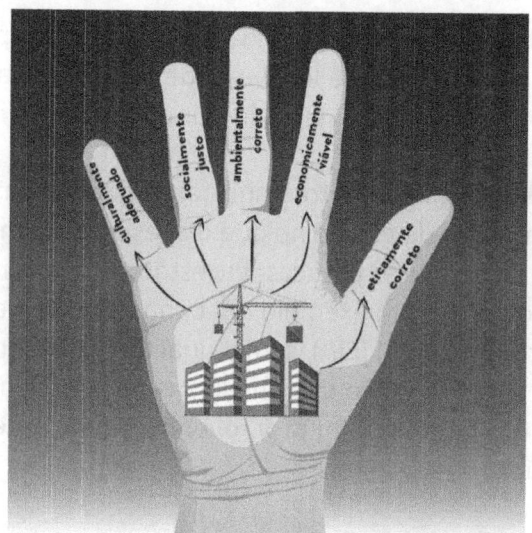

Figura 2. Sustentabilidade além do tripé financeiro, ambiental e social – ética e respeito à cultura.
Fonte: autora, com desenho de Ezequiel A. Costa.

Essa percepção é clara quando caminhamos para discussão comercial entre a construtora/incorporadora e o cliente. Daí o conflito de interesses entre as partes envolvidas, do lado de quem usa e do de quem empreende.

Somado a isso, decretos e resoluções tomaram maior peso a partir de 1990 no Brasil. As primeiras certificações ISO 9001 sobre implantação dos sistemas de gestão da qualidade, os primeiros grupos de fomento à cultura pela qualidade como o IBQP (Instituto Brasileiro pela Qualidade e Produtividade) e grupos regionais, como no Sul por iniciativa da Gerdau e no Rio de Janeiro por iniciativa da Petrobras, surgem a partir de 1990. Estudos socioambientais, de segurança e saúde e da qualidade passaram a ter maior influência nas decisões de gestão nas obras pelo peso nas aprovações das licenças a partir do ano 2000. O decreto nº 6.271 de 2007 atualiza, em convenção, obrigações do setor no quesito segurança e saúde. Já a Resolução CONAMA nº 237/97 responsabiliza o empreendedor e os profissionais da construção pelas informações prestadas sobre estudos e impactos ambientais, por exemplo. A Norma Desempenho de Edificações Habitacionais, ABNT NBR 15575 (2013), implica na corresponsabilização de todos; de clientes, projetistas, arquitetos, construtores aos usuários, em prol do compromisso pela qualidade, ajustando assim direitos e obrigações das partes e acima de tudo enfatizando a importância do cuidado com a interdisciplinaridade nos processos construtivos, na maioria das vezes negligenciada.

A não observância dessas mudanças legais, que se percebe na distância entre a lei e a prática, fatalmente imporá maiores riscos aos negócios, que podem variar entre penalizações como multas, embargos, não aceitação do produto no mercado, responsabilização civil e criminal do empreendedor e profissionais, entre outros.

O cumprimento de normas da qualidade e de desempenho, a observância de processos e a criação de procedimentos geram maior necessidade de registros e controle, fortalecendo, assim, a implantação dos sistemas de governança, tão necessários para restauração da credibilidade do setor, tanto público quanto privado, e demandando maior transparência e gestão de processos.

O que percebemos é que, de fato, a criação e a obrigatoriedade da implantação de normas, assim como a implantação de sistemas de gestão, tais como o da qualidade, o ambiental ou ainda o da segurança de saúde, favorecem e muito o avanço e a conscientização das empresas de que vale a pena desenvolver e usar procedimentos que, embora sejam custosos de implantar e manter, em princípio eles se pagam com a redução de desperdícios e maiores lucros e de forma intangível, por meio da satisfação do cliente e da credibilidade do negócio a longo prazo.

O que se percebe é que as penalizações, e não a prevenção, representam o principal fator de inclusão do tópico implantação de sistemas integrados de gestão na pauta das reuniões estratégicas. Estamos caminhando de um nível básico de maturidade em gestão para, nos próximos anos, um novo e mais consciente patamar, onde exista maior equilíbrio entre os interesses de todas as partes envolvidas em prol do bem maior, que é o ser humano e sua capacidade de sobrevivência na Terra.

1.2. Gestão do administrativo ao canteiro de obras

Todas as estratégias de condução dos negócios, consciente ou intuitivamente adotadas, nos levam por caminhos que bem ou mal refletem nosso estágio de maturidade em gestão. Toda a dinâmica dos negócios e as oscilações dos diversos ambientes do qual fazemos parte nos levam para algum lugar. Deixar de ser coadjuvante para ser protagonista da sua história de sucesso passa por entender em que estágio de maturidade sua organização está e definir uma estratégia para avançar para outro patamar.

A análise de riscos, integrada à análise de escopo, custos, prazos e qualidade, aparece na discussão da redefinição dos modelos de gestão nos canteiros de obra apenas nos anos recentes. Executivos e engenheiros mais atentos às necessidades de maior capacitação, após seus MBAs ou participação em eventos de classe, trazem para suas organizações esses temas para debates internos entre seus pares. Contudo, o que ainda vemos é o predomínio da prática: "we do management on demand", ou seja, gerenciamos conforme a demanda. "Primeiro, ganhamos a obra; caso contrário, a concorrência o fará" é o que um executivo do setor diria.

Em muitas situações do dia a dia de obra o que vemos é uma "gestão de conflitos" improvisada, popularmente conhecida como gestão de apagar o incêndio. Apagamos um incêndio por vez.

Será?!

Melhor refazer a sentença: muitas vezes apagamos vários incêndios ao mesmo tempo e, assim, caminhamos para o encerramento da obra. Infelizmente constatada por muitos e inovada, pontualmente, por poucos, essa aparente prática de gestão organizacional nos rouba energia, tempo e dinheiro que poderíamos empregar em inovação e relacionamentos.

Figura 3. Novo padrão mental em busca da inovação – quebra de paradigmas.
Fonte: autora, com desenho de Ezequiel A. Costa.

As áreas comerciais, financeiras e de projetos ainda trabalham desconectadas das demais, como a administrativa, jurídica e de operação de uma obra. Resultado? Já sabemos o que acontece na prática. E o preço disso? Bom...

> **Durante a obra** → Retrabalhos, atrasos, custos muito acima do estimado, pleitos, multas, estresse, fadiga emocional, falta de qualidade, falta de credibilidade do setor, aditivos de contrato, embargo, gestão de incêndios.
> **Obra entregue** → Na sequência vem pedido de devolução do produto, correção de falhas, pedido de inclusão de escopo (mais aditivos), custos, atrasos, pleitos, multas por atraso no cumprimento dos contratos, reuniões e reuniões com o cliente, releitura e reinterpretação de contrato, entre outros.
> **e... Ufaaaa!!** → Fim do prazo de garantia da obra. Será ufa mesmo? Existem resquícios jurídicos que só se resolvem com os anos... para esses custos, algumas empresas até fazem reservas contingenciais

e em alguns projetos é comum incluir no BDI[3] um percentual para cobrir os custos de assistência técnica.

O improviso, prática rotineira tanto nas áreas administrativas como no canteiro de obra, é entendido por muitos como um desvio da cultura brasileira, mas também é considerado por outros como um aspecto positivo em períodos de crise ou situações em que não há o que fazer senão resolver da forma que dá. A principal questão é: quem paga por tamanha falta de gestão? Ora! O consumidor, quem mais? Seja ele público ou privado. Em tempos de reestruturação do mercado, como os tempos atuais, se sairá melhor e sobreviverá aquele que investir estrategicamente em gestão e com isso oferecer um produto cada vez melhor e mais barato.

O total improviso pode gerar caos, conflitos e excesso de trabalho, já mencionados anteriormente, e é absolutamente desnecessário. Mas se o seu método de gerenciamento da sua obra considerar a gestão de riscos, certamente você avaliará planos B (contingenciais).

Uma vez adotada essa prática, o conhecido "improviso" dará lugar à "criatividade" para resolver uma situação em um momento crítico. Respostas rápidas são necessárias e serão dadas, orientadas por diretrizes desse plano B e por políticas da empresa. A maioria dos incêndios que apagamos ao longo da execução de uma obra é por total falta de planejamento e estudo das lições passadas. Digo lições passadas e não aprendidas porque se fossem "lições aprendidas" não repetiríamos o mesmo erro tantas vezes como o fazemos a cada obra.

A maioria das pessoas quer fazer certo da primeira vez, evitando o jeitinho. Contudo, sem planejamento das rotinas diárias e sem diretrizes e procedimentos claros, só resta o improviso, ou seja, o jeitinho.

O que fazer para mudar essa prática?

Temos que tomar uma decisão sobre qual ou quais caminhos escolheremos para administrar nossos empreendimentos, buscando a produtividade necessária para competirmos de forma leal.

---

[3] Benefícios e Despesas Indiretas. Será tratado com detalhes no Capítulo 6.

A boa notícia é que a busca por uma gestão administrativa eficaz, consequência ou decorrente de uma mudança no comportamento organizacional ou ainda de exigências contratuais/modelo de acompanhamento imposta pelo cliente (por exemplo, por meio da contratação de uma gerenciadora), já ocorre na construção civil.

Com essa afirmação apostamos que o começo da mudança passe pelo processo de identificação e estudo do estágio de maturidade em gestão de projetos (PRADO; ARCHIBALD, 2010) do administrativo ao canteiro de obras.

A partir daí, sua empresa pode desenvolver seu planejamento estratégico definindo, entre outras questões, como criar seu próprio método de gerenciamento de projetos aliando suas experiências à sua maturidade em gestão identificada nas suas áreas e unidades.

1.3. Nível de maturidade em gestão de projetos na construção

Prado e Archibald (2010), em pesquisa realizada com 26 empresas de diferentes categorias, mostraram que o nível de maturidade em gerenciamento de projetos do setor da construção é **baixa**: em uma escala de maturidade de 1 a 5, este setor foi avaliado com nível 2,6. A Tabela 1 ilustra a escala apresentada (PRADO, 2016).

Tabela 1. Modelo de níveis de maturidade de Darci Prado.
Fonte: Darci Prado (2016) – autorizado pelo autor.

Dimensão da maturidade	Nível de maturidade (observação típica por dimensão)				
	Nível 1 Inicial	Nível 2 Conhecido	Nível 3 Padronizado	Nível 4 Gerenciado	Nível 5 Otimizado
Conhecimentos GP	Fragmentados	Básicos	Básicos	Avançados	Avançados
Metodologia	Não há	Tentativas isoladas	Implantada e padronizada	Melhorada	Estabilizada
Informatização	Tentativas isoladas	Tentativas isoladas	Implantada	Melhorada	Estabilizada
Relacionamentos humanos	Boa vontade	Algum avanço	Algum avanço	Algum avanço	Maduros
Estrutura organizacional	Não há	Não há	Implantada	Melhorada	Estabilizada
Alinhamento com negócios	Não há	Não há	Não há	Alinhado	Alinhado

Para aumentar a maturidade no gerenciamento da sua obra e aumentar a sua produtividade, uma metodologia de gerenciamento de projetos deve prever regras claras de gestão, critérios de aceitação e aprovação das entregas e de mudanças, processos e procedimentos da coleta de dados sobre o projeto, do planejamento à execução e controle, além da definição dos responsáveis por cada estágio da metodologia de gerenciamento de projetos.

Naturalmente, se o tempo que uma construtora tem desde a carta convite até a entrega de uma proposta e o início da obra continuar muito curto, nenhuma das boas práticas de gestão que venha a ser implantada pela construtora vai funcionar. O investidor/incorporador tem que se planejar também. Na verdade, para que a maturidade em gestão de projetos aumente em uma empresa, todo o elo da cadeia do seu negócio deve se movimentar em busca de melhorias.

Um estudo apresentado por Ferreira e Zancui (2014) feito pela Ernst Young (EY) e por pesquisadores do Departamento de Engenharia de Produção da Escola Politécnica da Universidade de São Paulo (USP), mais relevante instituição de ensino e pesquisa no Brasil, contou com a contribuição de mais de 74 executivos de empresas de portes variados do setor da construção civil. Nesse estudo, foram constatadas algumas importantes alavancas para o desenvolvimento do setor.

O Prof. Eduardo Zancui, da USP, um dos responsáveis pela pesquisa, confirmou que a necessidade por aumento da produtividade no setor é urgente. Contudo, sabemos hoje, o foco estratégico de muitas empresas mudou após 2014, muito em função da crise política, econômica e moral que assolou todos os setores. Se não fosse isso, já deveríamos estar engajados no propósito de alcançar melhores indicadores de produtividade, a começar pela definição e coleta de indicadores orientados por práticas globais de excelência em gestão (FNQ, 2017). Afinal, a máxima da qualidade vale para todos: "como gerenciar algo que não controlamos". O estudo apresentado pela EY e USP, apresentado no parágrafo anterior, apresenta sete alavancas de produtividade e sua relevância na seguinte ordem:

1. *Planejamento de empreendimentos*
2. *Melhorias de projeto*
3. *Qualificação da mão de obra*

4. *Métodos de gestão*
5. *Métodos construtivos*
6. *Equipamentos*
7. *Materiais*

Fica claro, a partir dessa pesquisa, que estamos carentes de planejamento básico de gestão (alavanca 1). Temos o risco Brasil, sim, como justificativa para o comportamento reativo do setor quanto ao investimento em novas práticas e modelos de gestão. Necessitamos de métodos que definem onde e quando atuar com ações preventivas como dispender mais tempo e recursos para estudos de viabilidade mais profundos na fase pré-projeto, plano de negócios, planejamento básico da gestão de riscos fundamentados nos planos de escopo, custo, prazos e qualidade. Nossa prática de gestão ainda é: primeiro a gente ganha obra, depois a gente acerta requisitos não observados nos aditivos de contrato. A energia que poderia ser despendida no planejamento fica, infelizmente, nas árduas negociações de aditivos de contrato. Não obstante, sabemos que as construtoras sozinhas não conseguem mudar a prática desse meio. Como fazer os investidores/incorporadores refletirem sobre a necessidade de trabalhar a quatro mãos e valorizar o planejamento integrado?

Reflexão: se os investidores/incorporadores também pagam a conta dos atrasos no fim do dia, por que a resistência em contribuir em direção a uma gestão mais adequada de tempo para que todos os elos possam se planejar melhor?

Até quando teremos espaço para essas desculpas, tais como as culturais, reativas, conjunturais e aí vai?

Ainda não estamos tratando da competitividade a nível global ou da importância da atualização no uso das tecnologias, na fomentação de células de inovação e na melhoria dos projetos como consequência. Todas são alavancas essenciais para alcançarmos melhores indicadores de produtividade para acompanhar o restante do mundo (alavancas 2, 5, 6 e 7).

Poderemos crescer de forma mais consistente se sairmos da nossa zona de conforto para explorar maiores benefícios e maior competitividade por meio dos novos métodos construtivos, tecnologias e como consequência novos materiais e equipamentos (alavancas 5, 6 e 7).

Mas ok, enfrentamos aí barreiras de legislação trabalhista, tributária, ausência de normas regulatórias, pouca qualificação de mão de obra e custos de tecnologias que, por serem pouco usadas no Brasil, inviabilizam a adoção, pelo menos em princípio.

Apresentamos neste livro os benefícios e desafios para que novas tecnologias e métodos construtivos sejam colocados em prática no Brasil. Dentro desse tema, será apresentado um breve estudo de caso ilustrando os desafios de um empresário de Fortaleza ao criar procedimentos técnicos que respaldam o método também adaptado à condição local enquanto não existe uma Norma Técnica (NR) aprovada. Todo o trabalho de desbravador está sendo construído com respaldo jurídico e técnico para buscar patamares de produtividade muito superiores aos atuais.

Sobre a qualificação da mão de obra (alavanca 3), o que dizer sobre o descaso da política nacional associada à educação básica e universitária e o reflexo disso no setor?

Se a educação básica ainda não é acessível, e quando o é, a qualidade é precária, como fica a formação técnica? Aquela formação necessária para produzir nossos mestres de obra, pedreiros, eletricistas, azulejistas e engenheiros alinhados às novas tecnologias e aos métodos construtivos?

Para não falar da educação superior, onde cursos de engenharia sequer contemplam na sua grade curricular uma disciplina de gestão e de formação de líderes, já que, em geral, os gerentes das obras e dos empreendimentos são engenheiros civis.

Ok, não podemos e não devemos relegar ao governo toda a responsabilidade por nossa baixa produtividade no setor (índice médio de 8%, segundo a Abrecom). Sem dúvida, a baixa qualidade do ensino público de nível básico e médio e uma grade curricular do ensino superior distanciada das demandas do mundo moderno impactam fortemente o grau de produtividade do setor. Mas aqui cabe também a responsabilização dos empresários do setor na contribuição para a melhor qualificação dos seus próprios colaboradores administrativos e de canteiro de obra, com programas de incentivo à capacitação, eventos internos que estimulem trocas de conhecimento, programas continuados de treinamentos, entre outras ações. O mais, neste caso, é muito menos, ou seja, quanto maior o investimento em programas de capacitação, menor será, por exemplo, o índice de desperdício e de reclamação.

Já em meados de 1990, muitos outros setores tinham programas de educação básica para os colaboradores. Muitas empresas incentivavam na busca pela conclusão de 1º grau, 2º grau e curso superior. Esses programas foram implementados por muitas organizações brasileiras também incentivadas por ações do governo e privadas, como o Movimento Brasil Competitivo pela Qualidade (MBC – antigo IBQP), a Fundação Nacional pela Qualidade (FNQ), as Fundações Vanzoline, Dom Cabral, Petrobras e Gerdau e os programas específicos do setor da construção como o Qualihab e o PBQP-H. Todos os programas e ações tinham por objetivo incentivar a busca pela qualidade e produtividade nas organizações para que pudéssemos competir com a entrada de novos *players* após a abertura de mercado, processo que tomou força a partir de 1990.

A conclusão geral provocada pelos resultados da implementação e o incentivo desses programas foi óbvia: a forma mais sustentável de buscar essa melhoria seria via educação. Dentro de programas de desenvolvimento humano criados segundo a estratégia de cada empresa, cada colaborador deveria buscar sua formação básica ou técnica e para tal foram determinados prazos. Após o cumprimento de sua meta básica, como a entrega do diploma, esses colaboradores poderiam ser beneficiados com promoções, aumento de salário ou, ainda, com penalizações como o desligamento automático. Em certos casos, algumas empresas financiavam em até 100% os MBAs e cursos de especialização de muitos colaboradores já com nível superior.

Algumas construtoras, mesmo que timidamente, criaram, em meados dos anos 2000, programas de alfabetização no canteiro de obra. Com o *boom* da construção, após 2008, muitas construtoras passaram a oferecer incentivos para atrair os melhores profissionais de engenharia, mesmo do exterior, e voltar a investir na capacitação dos canteiros de obras. Infelizmente desde o início da nossa crise no setor, a partir de 2014, esse investimento praticamente zera. Nossa aposta é a de que o momento para investimentos na formação de pessoas, reestruturação da gestão e implantação de programas sólidos de gerenciamento de projetos é agora, na crise. Economistas apostam na retomada de crescimento a partir de 2020, quando estaríamos prontos para uma aceleração muito mais sustentável.

De acordo com Prado (2010), para que haja um aumento significativo da maturidade em gestão das organizações e para que estas apresentem resultados satisfatórios, o processo de aprimoramento em gestão de projetos deve abranger pessoas, processos, tecnologias e estruturações.

A cadeia da construção civil é extremamente importante e apresenta um papel fundamental no crescimento da economia nacional, representando 6,2% do PIB brasileiro (Sinduscon-DF, 2017). De um lado, essa indústria é uma fonte de emprego do grande efetivo de mão de obra brasileira, notadamente trabalhadores não especializados; de outro, é grande consumidora de uma variedade enorme de mercadorias produzidas nos mais diversos setores da indústria (argila, areia, pedras, cal, tijolos, telhas, madeiras, esquadrias de madeira e metálicas, cimento, ferro e aço laminados, estruturas metálicas, azulejos e ladrilhos, tintas, louças sanitárias, asfalto, logística, consultorias, empresas de treinamento e por aí vai).

Resumindo, o investimento nas alavancas da qualidade propostas pela pesquisa citada anteriormente será o divisor de águas a partir de 2018, entre aquela construtora que vai crescer pelo investimento massivo na maturidade de sua gestão e tecnologia, explorando a demanda reprimida pós-crise, ou aquela que ficará estagnada até um dia morrer.

A seção a seguir defende um método adequado à maturidade em gestão da empresa e que seja capaz de estruturar e melhorar a visão empresarial sobre como organizar seus recursos de maneira mais eficaz definindo riscos, padrão de qualidade, prioridades, gestão de mudanças e conflitos, mitigando assim desperdícios e com isso queda em produtividade.

1.4. Boas práticas e metodologias de gerenciamento de projetos

O que é gerenciar bem um projeto senão desenvolver nossas habilidades para melhor organizar e coordenar nossos recursos em prol de resultados que atendam aos objetivos de nossos projetos e fundamentalmente aos interesses e às necessidades dos nossos *stakeholders*?

Para tal, boas práticas e métodos de gerenciamento de projetos são desenvolvidos e testados por organizações no mundo todo e buscam a mesma coisa: nos ajudar a melhor organizar e gerenciar nossos recursos para entrega dos benefícios prometidos pelo plano de negócios.

Adotar algumas dessas práticas (como a apresentada no *PMBOK® Guide* do PMI, por exemplo) e a partir delas construir seu próprio método ou, ainda, adotar algum método pronto (a exemplo do PRINCE2®) representa o primeiro desafio para aumentar a probabilidade de que a entrega final esteja alinhada ao planejamento estratégico do negócio. Assim, evitaremos que o processo de implantação desse novo jeito de conduzir os projetos se "queime" por conta de uma percepção interna de que mudanças na forma de implementá-los só vieram para trazer burocracia e pouco agregam.

Projetos são inerentes ao processo de desenvolvimento de qualquer um, empresa ou pessoa – afinal, quase tudo que fazemos traz em maior ou menor grau alguma mudança de melhoria ou inovação. Algumas vezes são tão simples e de baixo risco que podem ser tratados como ação pontual, e um plano de ação (5W2H) seria o suficiente em termos de planejamento. Para projetos mais complexos em custo, prazo e riscos, submetê-los a um processo estruturado (método ou boa prática) até a obtenção do resultado desejado é uma decisão que depende de uma análise do custo-benefício.

A maior questão, contudo, é avaliar se o jeito de conduzir nossos projetos está gerando resultados sem atraso, dentro dos custos e padrões de qualidade e se estes atendem às demandas e geram benefícios aos clientes e ao negócio.

Se a resposta for um "não", se o mercado não tolera desperdícios e se nossa competitividade está prejudicada por nossa baixa produtividade, essa é uma boa hora para "olhar para fora da caixa" e fazer diferente, como aponta com urgência a pesquisa da EY e da USP já discutida na seção anterior.

Se você não pertence àquele grupo que conhece alguém que vai subsidiar seus erros e permitir superfaturamentos, não existe outra saída senão rever rapidamente seus modelos de gerenciamento. Não espere a crise econômica engatilhada em 2014 terminar; antecipe-se e invista agora em novos modelos de gestão, métodos construtivos, processos, técnicas e principalmente em pessoas.

Espera-se que tais considerações sirvam de inspiração para que cada leitor construa seu próprio método, adequado a sua linguagem, cultura, maturidade em gestão e visão estratégica sobre como melhor gerenciar seus recursos para alcançar produtividade em seus projetos. Assim, se cada elo da cadeia de negócio da construção assumir sua responsabilidade no desenvolvimento do seu conhecimento, todo o setor será mais competitivo até diante de uma maior concorrência proveniente de novos entrantes internacionais, situação que pode se tornar uma realidade no futuro.

1.5. Diretrizes para implantação de um método de gestão de projetos

Implantar algo implica, quase sempre, em quebrar paradigmas. Começamos pelo investimento em maior tempo para o planejamento integrado das diversas variáveis inerentes a um projeto de construção. Leciono para MBAs em gerenciamento de projetos em paralelo a projetos corporativos e contratos para melhoria dos sistemas de gestão em empresas de grande porte há quase vinte anos. Desde então, estimo que eu tenha lecionado para aproximadamente mil turmas bem heterogêneas na formação e na maturidade profissional, de norte a sul, leste a oeste do Brasil. A pergunta que, em geral, faço em sala de aula ou em treinamentos é: qual o tempo médio que cada um investe no período de iniciação de um projeto e em cada uma das fases seguintes (planejamento, execução, monitoramento e controle e finalmente no encerramento)?

Elaborei as tabelas 2 e 3 com os resultados dessa pergunta. As estimativas dos alunos por sala de aula, em média, não variam dos valores apresentados na Tabela 2.

Tabela 2. Estimativa de tempo investido em cada fase do ciclo
dos projetos realizados em empresas brasileiras.
Fonte: autora.

Fases/Porcentagem do tempo de projeto investido	Viabilidade	Desenvolvimento de planos globais	Desenvolvimento de planos de cada *Sprint*	Execução da construção	Controle das *Sprints*	Encerramento
	5%	10%		55%	25%	5%

Agora, faça a você mesmo essa pergunta. Sua resposta se aproxima da Tabela 2, não é mesmo?

E para quem já tenha trabalhado com grupos de japoneses e anglo-saxões (algumas empresas americanas, australianas, alemãs, escandinavas)?

Aposta em alguma estimativa? Veja a Tabela 3.

Tabela 3. Estimativa de tempo investido em cada fase do ciclo dos projetos realizados por empresas anglo-saxãs.
Fonte: autora.

Fases/Porcentagem do tempo de projeto investido	Viabilidade	Desenvolvimento de planos globais	Desenvolvimento de planos de cada Sprint	Execução da construção	Controle das Sprints	Encerramento
	15%	45%		20%	10%	10%

Observe que as tabelas 2 e 3 não têm fundamentação em nenhum método estatístico de análise de dados. Trata-se somente de uma observação, para que você se questione e questione seus pares a refletir a partir daí.

Procurar comparar os resultados obtidos por meio de empresas brasileiras com os resultados de empresas anglo-saxãs e japonesas representa apenas extremos culturais usados na minha observação, sem a pretensão de generalizar nada. Os padrões de lógica, os mapas mentais e o comportamento em negócios e gestão de projetos de cada grupo citado são percebidos pelos meus ex-alunos que trabalham em empresas de origem anglo-saxã e japonesa e refletem o que foi apresentado na Tabela 3.

Para esclarecer no que consiste o escopo de cada uma das fases (viabilidade, desenvolvimento de planos globais e de cada *Sprint*, execução, controle e encerramento) descritas nas tabelas 2 e 3, apresento alguns comentários – seriam mito ou realidade?

> ➢ A fase da viabilidade corresponde aos estudos preliminares dos projetos. Os estudos de viabilidade são feitos para fundamentar o plano de negócios, que, por sua vez, possui o papel de fornecer uma visão geral do projeto, seus riscos e benefícios para que os tomadores de decisão definam se vão ou não empreender.

Avalie se uma média de 5% de investimento em tempo (Tabela 2) é realmente o suficiente para tamanha responsabilidade. Como bons latinos, somos muita emoção, gostamos de colocar a mão na massa, ir logo para execução. Cliente bom é cliente que paga, diriam muitos empresários. Muitos desses clientes demandam execução imediata e o milagre da precificação instantânea. Será esse também um bom cliente?

Cliente que não enxerga valor no planejamento, nos projetos e no trabalho administrativo é um potencial demandante de pleito contratual no futuro. É isso mesmo que quer? Não precisamos de bola de cristal para saber os resultados dessa relação.

Estudos de viabilidade, pré-projetos e planos de negócios que mitiguem riscos são burocracia além da conta, diriam alguns empresários da construção. Fazemos até certo ponto o que a legislação demanda para iniciarmos licenciamentos e orçamentação, afinal já estamos atrasados com a proposta comercial! Upps!! Era para ontem. Depois Deus ajuda, afinal ele é brasileiro e os aditivos de contrato servem para quê? Com jeitinho sairemos dessa, afinal todos estamos no mesmo barco. Seguramente, uma prática equivocada para iniciar um projeto.

> Desenvolvimento do plano global e das *Sprints* (estágios do projeto). Se não tenho dados, informações coordenadas e integradas e pré-projetos que mitiguem minimamente os riscos, terei que fazê-los agora, não é? No projeto executivo. Afinal, o contrato já é nosso. Iuppiiii. Não comemore ainda, você está mais atrasado.

Vamos detalhar o que interessa para licenciamentos da execução, o cliente pode querer ver algum papel. Ok, 10% (Tabela 2), aqui entre nós, para ser otimista, é o que temos de tempo para o refinamento dos projetos técnicos, o planejamento mais detalhado da gestão do projeto, para o projeto executivo e para o desenvolvimento das estratégias de gerenciamento, além do plano do gerenciamento do projeto. O quê? Plano do quê? Vamos lá, você sabe! Aquele plano que permite avaliar de forma integrada o que tem que ser feito, o escopo, o tempo, o que temos para gastar (orçamento), o que comprar, em qual padrão, definindo quem faz o quê, que define a gestão das mudanças e como tudo deve se integrar ao longo de todo o projeto. Lembrou, não é? Rápido, rápido, está terminando seu prazo e lembre-se: a multa de contrato será "salgada" se atrasar.

> Obaaaaa, chegamos ao estágio que sabemos fazer melhor, a execução. Afinal, somos especialistas e estudamos para isso, construir.

Partimos nesta fase para maiores detalhes do que fazer, pedir mudanças, reclamar por serviços não entregues, refazer aqui e ali. Bom, se agregadoras de valor ou não, essas atividades parecem fazer parte da fase de execução, não é?

Opa! Agora o retrabalho vai inviabilizar o projeto. Mas o plano já não previa o óbvio? Que o duto de ar-condicionado não pode passar no mesmo local que a tubulação água quente? Quem autorizou? Quem fez? E-mail vai... e-mail vem... incêndio de novo? Sou engenheiro ou bombeiro?

São tantas as emoções, idas e vindas, gente nervosa que, para acalmar, consome tempo. Lá vão dinheiro e saúde para o ralo. Por isso, acredito justo imaginar que 55% do tempo deve ser investido na execução de projetos. Será? Sinto dizer que nenhum tempo extra nunca será o suficiente com essa prática. Isso é como um ralo de boca grande em época de chuva forte. Qualquer tempo que esteja à disposição será consumido no caos da falta de planejamento e da mitigação de riscos. Como resultado, quase sempre concluímos nossas obras com atraso, retrabalhos e desgastes que representam a forma mais irracional de desperdício. Contudo, com essa cultura do improviso, do jogo de cintura, do ganhar mais rápido que puder, muitos dos empresários do setor ainda não pensam – e se pensam não o fazem, ou seja, ainda não investem o mínimo no bom planejamento de gestão, na capacitação de pessoas, de forma coerente com a complexidade e a natureza do seu projeto e sua política interna.

> Controle? Dessa parte eu gosto também. Mas se eu for o "chefe", claro! Muita pancada vem de todo lado, às vezes fico até tonto! E as reuniões, infinitas e repetitivas. Eu já disse, não sei por que o empreiteiro fez o buraco logo onde passa a tubulação de esgoto, e a fiação passa bem onde deveriam estar os dutos de ar-condicionado! Upps. Vou sair de fininho, agora vem chumbo grosso. Chama o estagiário. Gerente de obras bom é aquele que controla tudo e dá conta de tudo, pois desconfia de todos. Já falharam antes, não posso dar moleza com esse pessoal. Esses terceiros então?

É isso mesmo? Gestor não seria aquele que orienta, coordena, facilita acesso aos recursos, tem a visão dos riscos globais, define estratégias de execução e faz o meio de campo entre a operação e o executivo? Mas com tanto incêndio para apagar e tantas variáveis a serem decididas em pleno voo, o que dá para fazer é cobrar e fazer reuniões para aprender sobre o projeto, resolver as questões e apagar os incêndios. Não basta? Modelo de gestão ineficiente para a competitividade que o mundo da construção precisa alcançar para sobreviver.

Vamos continuar com o modelo de controle do tipo: já fez ou não fez? Se fez, ok, se não fez… "booommm, veja bem…". Por falar em não fez… "esses terceiros nunca estão comprometidos com a política da empresa. No final, vão dizer que a entrega não foi bem especificada e, aposto, vão sair dessa e dividir conosco os custos dos atrasos e retrabalhos. Eles vão sair pela tangente e como vítimas do sistema". Qual a responsabilidade da contratante nisso? Pense… falta de plano? Está no caminho…

> Encerramento de um projeto não trata da entrega do edifício ao cliente? O que mais querem e esperam de nós? Não é o mais importante? Para o cumprimento de alguns aspectos legais, somando-se às boas práticas de gestão de projetos, espera-se que "um tal" de registro do termo de aceite parcial e total do projeto seja formalizado. Tente você convencer um prestador de serviços ou o seu superior a assinar. Ainda é um "parto". Estão dizendo que a coleta dos registros de erros, assim como as soluções apresentadas e a coleção de documentos, pode gerar um aprendizado essencial para a construção da maturidade em gerenciamento de projetos da equipe, que certamente será útil para auxiliar a produtividade do próximo projeto. "Mas como assim? Próximo projeto é próximo. Não sei se estarei aqui. Dá muito trabalho levantar tudo isso e com tantos atrasos e brigas já estou mesmo é querendo abandonar esse projeto. Não dá tempo, isso é papel e burocracia. Ignore e diga que está tudo em ordem". Não é assim? "Agora temos que refazer aquele estágio. Registros, mais toda a documentação e burocracia. Eu não entendo para que serve! Ninguém vai ler isso mesmo no próximo projeto. Nem vão saber onde está! Aposto".

Entendeu o que acontece em cada fase do projeto? Esclarecido, então? Mito ou realidade?

O investimento nas definições das estratégias, no planejamento e na elaboração das normas é essencial para o sucesso dos projetos em países cuja base profissional se fundamenta em relações contratuais mais rígidas por conta de normas e leis que são cumpridas. Os contratos somente formalizam o interesse e os acordos entre as partes, e é no planejamento que os requisitos são especificados já avaliando mitigações de riscos. Ou deveria ser assim?

Se a fase de planejamento for ignorada porque entendemos que temos que sair na frente e o cliente também assim exige, o contrato já nasce errado; as cláusulas só representam, assim, um conjunto de intenções e não o que será realizado! Só no final da construção, quando uma parte se sentir lesada, você saberá o significado de um contrato. Um contrato bem elaborado, ou seja, escrito em cima de critérios e requisitos claros e acordados, é fundamental para a gestão dos interesses, a mitigação dos riscos e finalmente para um relacionamento duradouro. Afinal, queremos todos fidelizar nossos clientes, não?

Os mapas mentais na cultura anglo-saxã são reconhecidos por nós, descendentes ibéricos, como sendo estruturados e metódicos, que os levam, em geral, a planejar e criar procedimentos para então seguir para o próximo estágio do projeto. Como consequência, retrabalhos e esforços para apagar incêndios, assim como excesso de reuniões, são drasticamente reduzidos. Se normas e procedimentos foram escritos, deixe seu time trabalhar. Se o time de projeto foi contratado pela experiência e se foi capacitado para função, então por que controlar em demasia (seguidas reuniões de status)?

Delegação e *empowerment* são técnicas de gestão mais adequadas para profissionais munidos de responsabilidade e senso de comprometimento com seu contrato, desde que saibam claramente qual a sua responsabilidade, seus limites e autonomia.

1.6. Esboçando um método de gerenciamento de projetos na gestão da sua obra

Chuang Tzu *apud* Osho (2005) diz:

> "O fácil é o certo. Comece certo e você estará sendo natural;
> continue natural e você estará certo."

Um método representa um conjunto de normas, descritas dentro de um arranjo lógico para se alcançar algo. O método orienta um passo a passo a partir de premissas. Exemplo: assumindo a premissa de que "autoridades e autonomias foram definidas" e de que as "fases do planejamento foram autorizadas", é possível "preparar as estratégias de gerenciamento" (Figura 4).

Antes de maiores desdobramentos, voltemos nossa atenção para a frase, do início desta seção, do filósofo chinês Chuang Tzu: "o fácil é o certo...".

Diante do pensamento de Chuang Tzu, Tao questiona: "se o fácil é o certo, por que as pessoas têm tornado o certo tão difícil?". A água de um córrego não sobe morro, complementa Tao, *apud* Osho (2005). Para acertar nossas omissões de início de projeto, lutamos para encontrar formas de fazer o córrego subir o morro e isso custa caro e muitas vezes não logra êxito. Por que será?

Resposta: simplesmente porque não é natural.

Na construção, se não planejamos gestão dos recursos, se não integramos as disciplinas relacionadas a cada projeto, como esperar que a execução seja fácil? Daí a importância das universidades formarem engenheiros que tenham uma visão mais holística a respeito dos impactos das decisões técnicas no negócio e nas relações com os *stakeholders* dessa cadeia.

"Tao" significa "o caminho" – segundo o Taoismo, uma filosofia oriental. Queremos que nosso método represente "o caminho" para o seu projeto. Mas não o caminho do tipo autoestrada, e sim o de um bando de pássaros voando para chegar ao destino adequado à sua necessidade. Existe somente uma rota que os direciona e os ajuda a mitigar os riscos e obter maior desempenho no voo. Estrategicamente, o bando é redirecionado (gestão de mudanças), se necessário, para que todos se adequem às condições do momento, mitigando riscos e mantendo como foco sua meta (alvo) em prol dos benefícios a todos os que direta ou indiretamente serão impactados ao longo do percurso. No caminho, por exemplo, correntes de ar desviarão alguns pássaros do bando (riscos negativos) e sementes serão distribuídas por meio das fezes, influenciando outros *stakeholders* e outros habitats (riscos positivos).

Brincadeiras à parte, nosso método representa o caminho descrito por Tao. Tudo começa bem a partir do entendimento das necessidades e dos estudos de viabilidade que resguardem o interesse e as possibilidades de realização das partes. As estratégias de comunicação, gestão de riscos, do ambiente e das mudanças determinarão como o bando de pássaros se organizará para chegar no prazo certo (início de verão e abundância de alimentos), com reservas de energia, paradas de descanso e para comida e customizados (*tailor-made*) para entregar benefícios aos *stakeholders* envolvidos ao longo do caminho segundo os objetivos do projeto de voo desse bando.

Espera-se que com menos de cinco minutos de leitura das figuras 4 e 5 você possa entender a lógica e as principais entregas do método ilustrativo proposto para inspirá-lo na criação do seu próprio método. Podemos acrescentar uma escala de tempo, alguns pontos de controle (*gates*), padrões de documentos por *gate*, outras atividades de maior valor para cada natureza de projeto; contudo, na essência, as atividades técnicas (representadas pelas setas largas), as atividades de gerenciamento (representadas pelos retângulos) e os controles estabelecidos na sequência mais ou menos lógica nos permitirão aumentar as probabilidades de que por meio de um planejamento integrado das variáveis de projeto possamos melhor responder aos riscos e encerrar o projeto dentro das margens de segurança estabelecidas nas estratégias.

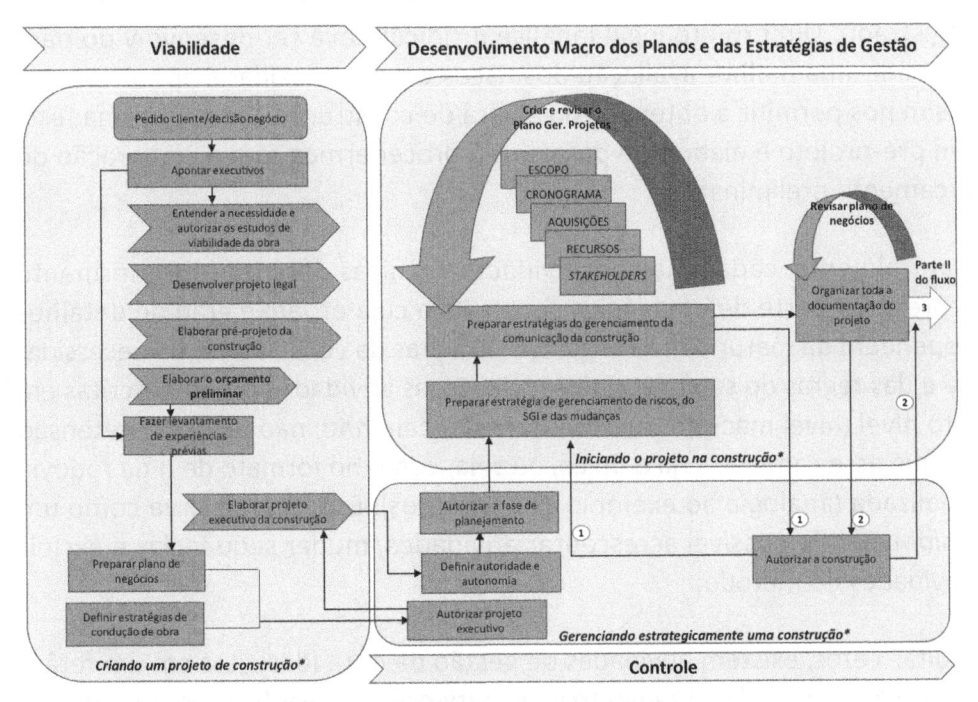

Figura 4. Método de gerenciamento de projetos na construção inspirado no PMI, PRINCE2® e *Scrum* – parte I.
Fonte: autora, com desenho de Ezequiel A. Costa.

Nota sobre a Figura 4:

> Setas largas representam atividades técnicas.
> Retângulos representam as atividades de gestão de projetos.
> Setas claras, abaixo e acima dos fluxos, representam as fases do projeto.
> No campo inferior de cada grande caixa clara o nome do grupo de atividades está em negrito com um asterisco. Exemplo: "Criando um projeto de construção*".

Observe que na fase de viabilidade de uma obra (Figura 4 – Parte I) o projeto é engatilhado a partir do pedido do cliente/decisão do negócio em empreender algo. Não são raras as vezes que estudos não são realizados, licenças não são obtidas e o projeto é postergado sem nem mesmo começar. Contudo, para aqueles que começam uma vez apontado o executivo responsável pela obra (*sponsor*), iniciam-se os estudos de viabilidade. O quão profundo são esses estudos é outra questão! O cumprimento às leis é *sine qua non* para o sucesso e tudo começa com a aquisição de um terreno legalmente registrado. Um projeto legal (análise jurídica) deve ser desenvolvido para permitir uma melhor avaliação dos riscos e a complexidade operacional, e assim nos permitir a obtenção do alvará de construção. Nessa mesma fase, um pré-projeto é elaborado para então procedermos com a elaboração do orçamento preliminar.

Naturalmente, cada uma das atividades técnicas descritas anteriormente representa parte de uma lógica construtiva cuja ordem e grau de detalhes dependem da maturidade em gestão de obras da construtora, da necessidade e das regras do seu próprio negócio. Essas atividades foram descritas em alto nível (nível macro) e representam um caminho; não tenho a pretensão de que esse caminho seja o único, ou seja, como no formato de uma rodovia sinalizada (analogia ao exemplo dos pássaros). Espero que sirva como um *insight*, sendo possível acrescentar atividades, mudar sequências e excluir atividades do método.

Muitas vezes, existem atividades de gestão da obra (descritas em um retângulo), como "fazer levantamento de experiências prévias" (lições aprendidas), que, somadas às informações e aos dados técnicos, darão à equipe de projeto elementos para elaboração do plano de negócios relacionado ao projeto em questão. Feito isso, teremos condições reais para definirmos a estratégia de condução da obra.

Para criar um projeto de construção, que corresponde ao grupo de atividades ilustrado na Figura 4, é essencial contar com o suporte do quadro diretivo e tático da organização.

Essa sequência lhe parece lógica? Seria, segundo seu entendimento, uma boa prática? Acredito que todos concordem que sim. Onde o bicho "pega" então? Acredito que para a maioria dos que trabalham no setor é uma questão de hábito, um mau costume, muito por conta de um forte senso de imediatismo, marca da nossa cultura. A desculpa é sempre a mesma: não temos tempo para detalhes agora, planejamentos tomam tempo e estamos atrasados ou ainda por pressão severa do cliente. Para outros, onde "pega" é no desejo da falta de transparência, pois sem ela não é possível a rastreabilidade e sem isso a porta fica aberta para potenciais desvios.

Na fase de controle (Figura 4 – Parte I) os executivos (*sponsors*) do projeto analisam o plano de negócio e as estratégias pertinentes ao contexto interno e externo da obra e autorizam o início do planejamento de gestão referente a cada fase do projeto. Naturalmente, esse é um processo cíclico, ou seja, a cada fase do projeto o planejamento e a estratégia para condução são reavaliados para verificar se ainda agregam benefícios aos *stakeholders*.

Nesse momento, são definidos os responsáveis por cada fase, assim como suas respectivas autonomias. Assim que toda a documentação referente à preparação das estratégias de gestão e o planejamento de gestão da construção estiverem prontos, o projeto é autorizado para entrar na fase de detalhamento dos estágios e na sequência cada estágio entra na fase de execução.

O envolvimento do quadro diretivo da organização no controle do projeto permite um "gerenciamento estratégico", etapa muito eficaz para os rumos que a construção tomará e fundamental para o seu sucesso. E para tal é essencial ressaltar a importância de todas as áreas trabalharem de forma integrada (operacional, financeira, comercial, aquisições, jurídica, outras).

Na fase do Desenvolvimento Macro dos Planos e das Estratégias de Gestão (Figura 4 – Parte I) os gestores de projeto, na grande maioria engenheiros civis, se juntam a uma equipe interna ou subcontratam gerenciadoras de obra para a tarefa de integrar os projetos. Um projeto executivo, que corresponde a um refinamento do pré-projeto, é então elaborado. Um orçamento, mais preciso, depende desse projeto executivo. Na grande maioria das vezes não o temos em mãos na fase de viabilidade, por várias razões, como: falta de definição clara do cliente ou da construtora sobre o escopo da obra, falta de especificação clara dos requisitos da obra, riscos de financiamento e legais e até mesmo falta de gestão da construtora. O fato é que, sem um projeto executivo, o orçamento preliminar poderá representar na pior hipótese uma ordem de grandeza somente, um tamanho, o desvio do custo real da construção.

Uma vez assinado o contrato, é de responsabilidade do *sponsor* ou dos gestores do negócio lançar mão de técnicas estressantes de negociação, propondo aditivos de contrato como parte da solução do desvio do valor inicial orçado, muito por conta das indefinições iniciais que geraram constantes solicitações de mudanças no escopo. Se não identificarem uma saída, cabe ao *sponsor* abortar a construção, muito comum nas obras públicas e menos na construção civil, e, como resultado, o negócio e muitas vezes o cliente também amargarão o prejuízo.

As estratégias de gerenciamento de projetos cruciais para o sucesso de um projeto começam pela definição das estratégias de gerenciamento dos riscos, do sistema de gestão integrado (SGI) que incorpore temas como o gerenciamento de qualidade, segurança e saúde, ambiental e de responsabilidade social, e englobam também a estratégia de gerenciamento das mudanças para mitigar, entre outros, os famosos "já quês" de projeto (aumento descontrolado do escopo).

Quantas vezes já viu tais estratégias formalmente definidas na sua obra?

Definidas as estratégias de gestão, poderemos cuidar dos planejamentos das entregas referentes a cada fase (escopo do projeto). Dependendo da natureza e da complexidade do projeto, pode ainda não ser possível ir para um planejamento detalhado da gestão. Daí nos concentrarmos aqui na discussão de uma visão mais ampla sobre a construção, avaliando quais são as principais variáveis de impacto nas integrações de cada projeto – arquitetônico, estrutural, elétrico, hidráulico, telefonia, ar-condicionado. Neste estágio inicial, talvez usar a técnica do *canvas* fosse bem apropriado. O *canvas* é uma boa técnica para ser usada no início da fase de planejamento das questões macro de projeto, em um ambiente propício às discussões interdisciplinares. Recomenda-se que os profissionais das várias disciplinas de gestão da obra participem de um *brainstorming* onde questões sobre o projeto serão apresentadas e os prós e contras debatidos em conjunto com profissionais especialistas (projetos) e administrativos sobre o impacto dessas questões (variáveis de projeto) no escopo, no tempo, nos custos, nos riscos, nos requisitos e nos recursos. Já no nível de integração mais técnica, mas que certamente influenciará o método de gerenciamento do projeto, o BIM (*Building Information Modeling*) corresponde a um modelo de gestão de altíssima importância para integrar todas as disciplinas da construção, técnicas e de gestão, a fim de verificar as interferências do que foi inicialmente projetado.

Aqui desenvolvemos a estrutura analítica do projeto (EAP), o cronograma, a planilha de custos, de aquisições, dos recursos e dos *stakeholders* com maior detalhe. Como em um *loop* (seta em arco), todos esses planos se integram e cada plano é continuamente revisado. É fundamental para o sucesso de qualquer projeto saber com quem vamos lidar, como nos relacionarmos com todos os *stakeholders* e quais as premissas e as expectativas de cada um deles. Se não for possível conhecê-los todos de início, que pelo menos saibamos quais serão os potenciais *stakeholders* envolvidos no projeto a médio e longo prazo.

À medida que os executivos aprovam os pacotes de documentos, a equipe do projeto os revisa e organiza. Os critérios para revisão foram definidos pelas diretrizes estratégicas e pelo planejamento de gestão macro (*canvas*). Feito isso, a operacionalização passa a ser da equipe que cuida de cada estágio (*sprint*). Então essa equipe, sob orientação do gerente ou do líder do projeto, a depender da complexidade do estágio, dá início ao planejamento detalhado da gestão desse estágio (seta 3 – Figura 4).

Esse momento de revisão e integração dos documentos representa uma oportunidade para questionar o plano de negócios e, como em um *loop* (seta em arco) de melhoria contínua (ciclo PDCA), avaliar quais são as possibilidades de refinamento desse plano e se ainda consegue gerar os benefícios para o negócio, o cliente e demais *stakeholders*.

Esse é o momento em que estamos iniciando o projeto de construção em si com o desenho das estratégias e planejamentos de gestão de cada uma das entregas e consequente envolvimento do gerente de obra e do líder dos times do projeto.

A continuidade do fluxo das atividades da gestão da obra continua na Parte II descrita logo a seguir.

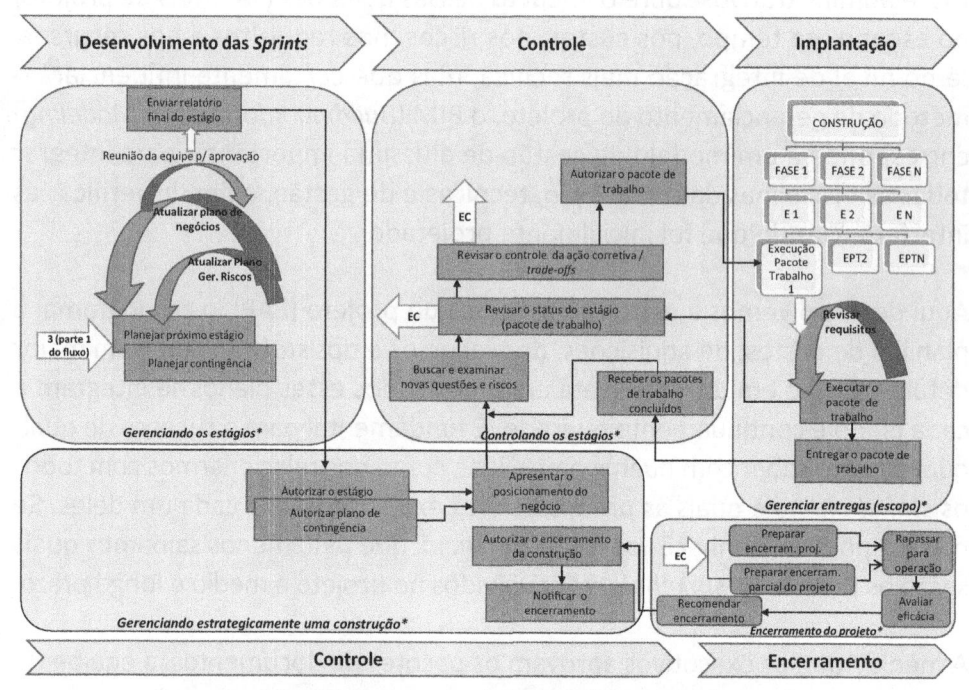

Figura 5. Método de gerenciamento de projetos na construção inspirado no PMI, PRINCE2® e Scrum – Parte II.
Fonte: autora, com desenho de Ezequiel A. Costa.

Nota sobre a Figura 5:

- ➢ Setas largas representam atividades técnicas.
- ➢ Retângulos representam as atividades de gestão de projetos.
- ➢ Setas claras, abaixo e acima dos fluxos, representam as fases do projeto.
- ➢ No campo inferior de cada grande caixa o nome do grupo de atividades está em negrito com um asterisco. Exemplo: "gerenciando os estágios*".

Na fase do desenvolvimento das *Sprints* (Figura 5 – Parte II) é recebida, como ilustra a seta 3, toda a documentação inicial do projeto para iniciarmos o planejamento detalhado daquele estágio que, segundo nosso cronograma, corresponde ao evento mais próximo (exemplo: a terraplenagem). Quanto mais próximo da data do evento, maiores as condições de levantamento dos requisitos detalhados ou pendentes de cliente, fornecedor ou, ainda, aprovações das licenças para o estágio. Planejamentos de gestão mais detalhados também são comuns de serem concluídos ao rodar fases intermediárias do projeto. Daí a melhor condição de detalhamento junto aos empreiteiros e parceiros.

Aqui planejaremos em detalhes a gestão do escopo (estrutura analítica do projeto), o cronograma no nível de atividades e tarefas, a planilha de custos, a planilha de aquisições e o plano de recursos relacionado à natureza e ao tamanho do pacote de trabalho em questão, a saber: terraplenagem, fundação, alvenaria, o que for daquele estágio. Finalmente, desenvolve-se o plano de gerenciamento dos *stakeholders* envolvidos na *Sprint* (estágio), além daqueles que devem receber ou enviar à *Sprint* alguma entrega.

Planejaremos, então, a gestão da *Sprint* e as devidas contingências (nível mais detalhado). Esse processo de planejamento nos permitirá perceber o quanto as variações no ambiente externo, as especificações do cliente ou do negócio e o detalhamento dos projetos nos obrigarão a reavaliar os planos de negócio e o plano global de gerenciamento do projeto (*PMBOK® Guide*) para verificar se este continua entregando os benefícios inicialmente traçados (princípios do PRINCE2®).

A equipe de execução, agora integrada em um *brainstorming* com a equipe de planejamento da *Sprint*, se reunirá para promover os devidos ajustes e aprovação da *Sprint*.

Um relatório final do estágio (*Sprint)* será então encaminhado para aprovação pelo quadro executivo (*sponsor*).

Esse é o momento em que estamos gerenciando os estágios, planejando detalhes e reavaliando benefícios. As informações serão confrontadas, testadas e aprovadas pelo gerente de projetos – e, em casos de projetos de maior complexidade, também pelo líder da equipe responsável pela *Sprint* – e na sequência serão encaminhadas para aprovação final pelo quadro de executivos (*sponsors*).

Nessa fase de controle (Figura 5 – Parte II), ilustrada no canto inferior à esquerda, o quadro executivo (*sponsor*) possui autonomia para autorizar a *Sprint* e o plano de contingência. Também faz parte das suas atribuições apresentar o posicionamento quanto ao negócio e às novas questões (*issues*) que possam influenciar o escopo ou qualquer variável necessária para executar a *Sprint* (estágio) em questão.

Na fase de controle o quadro de executivos também possui a responsabilidade pelo encerramento parcial e total de cada pacote de trabalho.

O envolvimento contínuo dos executivos responsáveis pelo controle do projeto permitirá um gerenciamento estratégico capaz de retroalimentar o plano de negócio de forma muito eficaz para corrigir, se necessário, os rumos do projeto de construção, fundamental para o seu sucesso.

Do controle no nível estratégico (quadro no canto esquerdo inferior da Figura 5 – Parte II), voltamos nossas atenções ao controle (quadro central superior da Figura 5 – Parte II) no nível dos estágios, ou seja, no nível mais tático/operacional, onde um ou mais pacotes de trabalho serão conduzidos para que o resultado seja alcançado.

Após a aprovação da *Sprint,* os gestores do projeto e líderes dos times de trabalho examinam as novas questões e riscos apresentados pelo novo posicionamento estratégico e revisam o status da *Sprint* (estágio). Tal revisão pode demandar uma ação corretiva ou certos *trade-offs*, o que em última instância poderia significar encerrar prematuramente (seta EC) o projeto. Se ações corretivas ou *trade-offs* agregaram valor, o gerente do projeto irá autorizar a execução do pacote de trabalho. Ao longo do período de execução um *loop* de melhoria contínua (seta em arco) sugere uma revisão das entregas até que esteja adequado para seguir o fluxo de trabalho e estas serem consideradas concluídas.

Uma vez concluído o pacote de trabalho, de volta à fase de controle, são avaliadas as novas questões (*issues*) e os riscos. O gerente do projeto apresentará o status do estágio, que novamente será avaliado para ações corretivas e análise dos *trade-offs*, se necessário. O pacote de trabalho será autorizado para execução neste ciclo.

Aqui nesta fase os controles dos estágios são bem mais operacionais e têm a ver com os resultados esperados para cada pacote de trabalho que compõe o escopo do projeto (Estrutura Analítica do Projeto).

Na fase da implantação (Figura 5 – Parte II), já no canto superior à direita da figura, o pacote de trabalho representado na estrutura analítica do projeto (EAP) entra no processo de execução. É possível ainda, nessa fase, decompor a EAP em um nível maior de detalhes se assim for necessário para maior compreensão do que deve ser feito.

Os requisitos relacionados ao pacote de trabalho são continuamente revisados a partir da análise do status (seta em arco), para que o pacote de trabalho seja executado e posteriormente enviado para aprovação pelo gerente do projeto, para que avalie o *status* e o encaminhe para o encerramento (seta EC).

Na fase de encerramento do projeto (Figura 5 – Parte II), canto inferior direito, o gerente do projeto prepara o projeto/pacote de trabalho para a fase de encerramento. Na sequência, repassa o projeto/pacote de trabalho para a área de operação ou o cliente. Na maioria dos casos da construção, isso equivale a entregar as chaves ao cliente. Administrativamente, a eficácia do projeto/pacotes de trabalho é avaliada e as recomendações para encerramento serão enviadas ao quadro executivo para que autorizem e notifiquem o encerramento da construção/pacotes de trabalho.

As figuras 4 e 5 representam um conjunto de atividades técnicas e de gerenciamento dispostas em uma sequência mais lógica de condução do projeto, ou seja, da iniciação ao planejamento, do planejamento à execução até o encerramento, passando por diversos pontos de controle ao longo do projeto do nível estratégico ao tático/operacional.

Cada passo descrito nesse método ilustrativo representa ações mínimas necessárias para melhor organização dos recursos alocados para o projeto dentro da política da organização executora e das regulamentações vigentes.

1.7. Conclusão

A intenção primordial deste capítulo é lembrar nosso leitor que a efetividade nos resultados de um projeto só vem quando empenhamos tempo e esforço na melhoria da nossa atitude e das nossas crenças, investindo tempo e recursos no planejamento adequado da gestão, buscando melhorias contínuas nas relações entre as pessoas e, a partir das pessoas, elevar o grau de maturidade em gestão do empreendimento com maior efetividade nos resultados para o projeto e, por consequência, para o negócio.

Fazer certo, de forma planejada e com critérios claros e acordados é bom. Tais ações são capazes de gerar uma energia positiva e construtiva que fluirá ao longo dos caminhos das atividades (rede PERT). Planejamento e definições claras do escopo, requisitos, critérios de aceitação, sequenciamentos e relacionamentos tendem a mitigar sensivelmente os conflitos interpessoais. Dessa forma, os *stakeholders*, em geral, devem apresentar uma maior facilidade para colaboração mútua porque simplesmente serão capazes de identificar os resultados na satisfação do cliente, na vida profissional de cada um, no ambiente corporativo e consequente no ganho de qualidade de vida pessoal. Um método adaptável, procedimentos simples e claros, regras definidas, acordadas e comunicadas mitigam riscos, aumentam os lucros, integram pessoas, permitem construção de um ambiente de contínua melhoria de processos, potencializam os efeitos das tecnologias nos resultados e mitigam, se não eliminam, insatisfação e pleitos contratuais.

O capítulo nos permite maior reflexão e percepção dos caminhos a seguir em busca do aumento em produtividade, competitividade e consequente sobrevivência das organizações no setor, alcançando assim um patamar superior em qualidade da construção e compromisso com a satisfação do cliente.

Como complemento deste capítulo, buscando aprofundar os temas aqui tratados, gostaria de sugerir como referência de consulta e estudo o documento encontrado no site do PMI conhecido como "Construction Extension to the *PMBOK® Guide*", que em português significa "Uma extensão em construção do *PMBOK® Guide*", rico em boas práticas que associam todas as variáveis importantes de gestão na construção em busca de uma efetiva organização dos recursos necessários para conclusão bem-sucedida da obra. Outra literatura relevante para o setor corresponde ao conjunto das 27 melhores práticas de construção "Achieving Excellence in Construction", elaborado pelo OGC (*Office of Government Commerce*) do governo britânico.

Bibliografia

ABUD, M. J. F.; SIMÕES, J. C. Histórico das profissões de engenheiro, arquiteto e agrônomo no Brasil. **Rev. Ciênc. Exatas**, Taubaté, Departamento de Engenharia Civil Universidade de Taubaté, v. 5-8, 1999-2002, p. 97-105.

ANDRADE, M. M.; GABILLAUD, A. M. P. Análise e diagnóstico da construção civil: estudo de caso da maturidade em gerenciamento de projetos de 8 construtoras de Sergipe. **ENEGEP**, Fortaleza, out. 2015.

ARAÚJO, R. A. D. de O. **Ofício da construção na cidade colonial:** organização, materiais e técnicas (caso pernambucano). 2003. Tese (Doutorado em Arquitetura) – Faculdade de Arquitetura e Urbanismo da Universidade de São Paulo, São Paulo, 2003.

BARCAUI, A. (org.). **PMO:** escritórios de projetos, programas e portfólio na prática. Rio de Janeiro: Brasport, 2012.

BUENO, S. B. P. Sistema de produção da arquitetura na cidade colonial brasileira – mestres de ofício, "riscos" e "traças". *In*: **Anais do Museu Paulista**, v. 20, n. 1, p. 321-361, São Paulo, jan.-jun. 2012.

CAPUTO, C.; MELO, H. P. A industrialização brasileira nos anos de 1950: uma análise da instrução 113 da SUMOC. **Estud. Econ.**, vol. 39, n. 3, São Paulo, jul./set. 2009.

CARVALHO; M. M.; RABECHINI JR., R. **Construindo competências para gerenciar projetos:** teoria e casos. São Paulo: Atlas, 2006.

DARCI, P. **Maturidade em Gerenciamento de Projetos.** 3.ed. Nova Lima: Falconi, 2016.

DE PAULA, A. T. **Avaliação do impacto potencial da versão 2000 das normas ISO 9000 na gestão e certificação da qualidade:** o caso das empresas construtoras. Dissertação de mestrado, Escola Politécnica da Universidade de São Paulo, USP, São Paulo, 2004.

FERREIRA, A. V.; ZANCUL, E. **Estudo sobre produtividade na construção civil:** desafios e tendências no Brasil. EY, 2014. Disponível em: <http://www.ey.com/Publication/vwLUAssets/EY_Estudo_Produtividade_na_Construcao_Civil/$FILE/Estudo_Real_Estate.pdf>. Acesso em: 26 jan. 2018.

FINOCCHIO, J. J. **Project Model Canvas:** gerenciamento de projetos sem burocracia. Rio de Janeiro: Campus, 2013.

FNQ. Site. Disponível em: <http://www.fnq.org.br/>. Acesso em: 26 jan. 2018.

IBGE. **Projeção da População do Brasil e das Unidades da Federação.** Disponível em: <http://www.ibge.gov.br/apps/populacao/projecao>. Acesso em: 26 jan. 2018.

KERZNER, H. **Gestão de Projeto:** as melhores práticas. 2.ed. Porto Alegre: Bookman, 2006. 822 p.

OGC. **PRINCE2**™**:** Managing Successful Projects with PRINCE2. Office of Government Commerce, TSO Printing, 2009 edition.

OSHO INTERNATIONAL FOUNDATION. **TAO:** sua história e seus ensinamentos. São Paulo: Cultrix, 2005.

PMI. **Project Management Body of Knowledge:** PMBOK® Guide. 5th.ed. Newtown Square: Project Management Institute, 2013.

PORTUGAL, M. A. **Como gerenciar projetos de construção civil:** do orçamento à entrega da obra. Rio de Janeiro: Brasport, 2017.

RIBEIRO, D. M. **A formação dos engenheiros militares:** Azevedo Fortes, Matemática e ensino da Engenharia Militar no século XVIII em Portugal e no Brasil. 2009. Tese (Doutorado em Ensino de Ciências e Matemática) – São Paulo, Faculdade de Educação da Universidade de São Paulo, 2009.

SCHWARTZ, J.; CAMARGO, A. **Manual de Projetos Infraestrutura e Engenharia.** Createspace Independent Pub, 2014.

2. Governança corporativa

Marco Antonio Portugal

O nome soa requintado e até mesmo pode fazer você imaginar que está muito distante desse assunto, que tamanho "requinte" não faria parte da sua realidade, do cotidiano da sua construtora, quer seja no escritório ou na obra. Você está certo, em parte.

A governança corporativa se faz presente, independentemente de nós a reconhecermos formalmente dentro da nossa empresa. Ela envolve um processo de evolução involuntário, que parte desde a implementação de medidas básicas e obrigatórias, como, por exemplo, adequação a um novo leiaute de geração de documentos fiscais, e segue para medidas estruturais que possam, entre outros benefícios, aumentar a produtividade, reduzir custos ou atingir maior presença no mercado, utilizando para isso a estratégia como ponte para atravessar esse caminho de evolução.

Pronto! Mais uma palavra que possa soar-lhe "requintada": estratégia. O que importa é entregar a obra no prazo, dentro do custo e melhor ainda se o cliente ficar satisfeito, não é verdade? Ouvi essa retórica uma vez, ao questionar o diretor de uma grande construtora sobre a total falta de planejamento em uma de suas obras. Eu sintetizo esse pensamento com uma única palavra, e essa sim me assusta mais do que qualquer outra palavra que possa soar requintada: sorte.

Se há uma palavra que deve verdadeiramente assustar mais do que qualquer outra em qualquer ambiente de negócios, esta palavra é sorte. A sorte em uma obra, via de regra, está associada a alguma conduta imoral ou ilegal e que quase sempre culmina em corrupção.

O objetivo deste capítulo é oferecer uma visão interpretativa sobre o tema, que possibilite levá-lo a compreender a importância de alguns aspectos práticos inseridos nessa verdadeira "caixinha de ferramentas" em que se resume a governança corporativa.

2.1. Caixinha de ferramentas

Todos, acredito, devem conhecer uma caixa de ferramentas. Há aquelas que são pequenas, organizadas e práticas, de conteúdo exclusivamente essencial. Outras, igualmente pequenas ou um pouco maiores, podem não ser tão organizadas, mas o conteúdo essencial está sempre lá, ao seu alcance. Já há outras que são um verdadeiro luxo, completas, que possuem tudo que existe de mais novo e da melhor qualidade, limpas e organizadas, porém, ninguém as utiliza!

Também não adianta, pela falta de uma ferramenta específica, "adaptar" o uso de uma outra ferramenta somente porque esta esteja à sua mão. O seu mau uso irá desgastá-la e estragá-la, e o resultado do seu trabalho poderá não ser assim tão satisfatório. É preciso estar atento e investir na manutenção e na aquisição de novas ferramentas sempre que for necessário.

A compreensão do significado de governança corporativa pode partir da sua comparação com uma caixinha de ferramentas. É um conjunto de coisas, cada qual com o seu propósito de uso, a serem aplicadas de acordo com a necessidade. Umas são de uso corriqueiro, já outras são de uso esporádico, e há aquelas que são empregadas unicamente em situações emergenciais e extremas.

E quem estaria habilitado a operar com essas ferramentas? As pessoas que se relacionam com a realização dos seus negócios, direta ou indiretamente ligadas à empresa. Não pode haver distanciamento dessas pessoas do conhecimento do conteúdo da sua caixinha de ferramentas.

Existem gerentes de projetos que são contratados para trabalhar no canteiro da obra e que assim partem, de uma obra para outra, sem que nunca tenham visitado um dia o escritório da construtora. O mesmo ocorre com a maioria dos funcionários do escritório, que jamais pisaram em um canteiro de obras.

Desconhecer a estrutura organizacional da empresa é desmerecer a força do principal componente de sua governança, que dá rumo e sentido para tudo, essa que talvez possa ser a própria caixinha onde as ferramentas se encontram. E não é raro encontrar empresas com o organograma (a representação gráfica da estrutura da organização) desatualizado ou até mesmo inexistente!

Não menospreze o dimensionamento adequado da sua estrutura organizacional: tudo deve ser funcional, sem faltar ou sobrar. Ao se pensar em governança corporativa, comece por providenciar uma caixinha que seja do tamanho adequado para as ferramentas que necessitar nela guardar.

Não seria pelo motivo da construtora não demonstrar preocupação com esse assunto que você, à frente da gestão de sua obra, irá cometer a mesma falha. A sua obra pode e deve ter um processo de governança, que seguirá as diretrizes primárias da construtora e se complementará com as demandas de seu projeto, e esse pensamento parte do dimensionamento da sua equipe, do agrupamento das competências em atividades e da maneira como estas se relacionam estruturalmente.

2.2. Escolha das ferramentas

Você terá sempre três conjuntos de ferramentas a compor a sua caixinha. O primeiro conjunto é composto por aquelas ferramentas que, quer queira ou não, são obrigatórias. Estas são conhecidas como exigências legais, externas à sua obra e à construtora.

São compostas, primeiramente, pelas obrigações contratuais com o cliente e, segundamente, pela relação da sua obra com a sociedade local, relação esta que é refletida por meio do cumprimento das leis.

O segundo conjunto de ferramentas pode ser considerado o seu guia básico de sobrevivência. É composto primordialmente por sua metodologia de gestão, o seu sistema integrado, um conjunto de normas e procedimentos que reúnem e traduzem a sua maneira de pensar e agir diante dos desafios necessários para o atingimento dos seus objetivos.

Por mais que aparente o contrário, o adequado é que não haja personalização de normas e procedimentos. O sentido da expressão "a sua maneira" utilizada anteriormente foi exatamente para ressaltar que deve haver sintonia entre os seus valores e os valores apresentados a você pela construtora em que trabalha.

Dessa maneira, se a construtora for uma dessas a agir na base da "sorte", e você pactuar com esse espírito, vocês foram feitos um para o outro. Agora, se o seu trabalho pode contribuir para uma evolução positiva no modo de pensar e agir da construtora e em tudo o que ela faz, e há nessa relação sinergia de interesse, por que não trabalhar nesse sentido?

As coisas passam a fazer sentido quando todos se encontram confortáveis em seus ambientes de trabalho.

O modelo idealizado é aquele em que, ao visitar os canteiros de obras da construtora, todos se apresentem como sendo da mesma empresa. Isso até pode soar óbvio, mas há situações extremas nas quais sequer o leiaute físico do canteiro segue um padrão.

Em uma obra da construtora, o canteiro possui uma cor, é bem sinalizado e limpo. Já em outra, as cores do canteiro de obras são distintas do primeiro, há desorganização e sujeira por todo lado e você chega a se perder lá dentro tamanha a confusão na sua sinalização de circulação. E não podemos nos esquecer daquele caso em que o gerente do projeto sequer conhece o escritório da construtora. Nesse caso, como exigir dele e da sua equipe padrão e sinergia?

O visitante irá concluir que os dois canteiros de obras que conheceu pertenceriam a empresas distintas, mas irá se espantar ao descobrir que não.

Agora mentalize os dois ambientes de trabalho. No primeiro, todos os funcionários executando as suas atividades de modo ordenado e tranquilo. No segundo canteiro de obras, há agitação, ansiedade, pessoas andando de um lado para o outro, gesticulando e falando alto, papéis espalhados por todo lado.

Em qual dos canteiros de obras você acha que as pessoas produzem mais e melhor? Sem excessos de retrabalhos, correrias, agitação e estresse?

Isso nos leva ao terceiro conjunto de ferramentas de uma caixinha de governança – mas, antes, é necessário frisar que o escritório da construtora também possui em cada um dos seus departamentos, assim como seus canteiros de obras, a sua própria metodologia de gestão, as suas próprias normas e os seus próprios procedimentos de atuação.

Parte desses papéis se sobrepõe entre obras e escritório. A gestão da construtora poderá estar dividida em dois modelos clássicos: centralizado ou descentralizado. Há, também, o modelo matricial, que mistura a centralização e a descentralização em um modelo único, onde a responsabilidade por uma atividade pode estar em ambas as pontas, obras e escritório, ou apenas em uma dessas pontas.

Desse modo, como exemplo, todos os pagamentos a fornecedores das obras pode ser centralizado no escritório, fazendo com que as obras encaminhem para o escritório as notas fiscais e os boletos de cobrança necessários para formalizar e processar os pagamentos.

Os processos de suprimentos que envolvam a compra de materiais e a contratação de serviços podem, por exemplo, ser executados parte deles nas obras e outra parte dos processos no escritório da construtora, aproveitando a aquisição agrupada para um maior poder de negociação.

O mesmo ocorre com a gestão de pessoal: a contratação dos funcionários, a coleta e a distribuição de documentos e o fechamento das horas trabalhadas coletadas por meio de registro de ponto são locais, nas obras, e o processamento e a emissão dos pagamentos dos salários e dos benefícios são centralizados no escritório.

Qual dos modelos é o melhor? O que funcionar melhor será aquele em que você acreditar e assim fazer funcionar como deseja.

Pois bem, já pensou em dirigir tudo isso sem ter uma regra escrita? Até mesmo uma simples padronização de formulários e de processos de comunicação entre obras e escritório se torna fundamental.

Novamente, antes de entrar no terceiro conjunto de ferramentas, faço aqui um alerta para o tamanho da caixinha ou para a escolha do tamanho adequado à sua necessidade, pois, quando começamos a falar muito de regras, procedimentos e de formulários padronizados, isso tudo passa a soar burocrático, e temos o costume de pré-julgar tudo o que parece burocrático como sendo perda de tempo e dinheiro, o que é um enorme equívoco.

Não são poucas as empresas que desenham modelos integrados de gestão primorosos, que lhes permitem a obtenção de certificados de atendimento às normas internacionais, que buscam na formalização de suas rotinas de gestão a excelência, quando a realidade se mostra bem diferente, onde ninguém segue o que está escrito ou, pior, se faz seguir somente para preencher papel porque são cobrados por isso.

Tais condutas garantem certificações que em nada representam a realidade. O rumo da empresa está fadado a combinações de valores adversos e àquilo que cada um de seus principais representantes entendem como o melhor para ela. Sim, seria novamente aquele tipo de empresa gerida na base da "sorte".

A definição do terceiro conjunto de ferramentas leva em consideração essas e outras preocupações e é sintetizada por meio da declaração da missão, da visão e dos valores da empresa, que podem ser elaboradas por meio da resposta a essas três perguntas da Figura 6:

Figura 6. Missão, visão e valores.
Fonte: autor.

A partir desse ponto começamos a reconstruir todo o caminho de volta, das diretrizes primárias da administração para as diretrizes operacionais em toda a estrutura da empresa, desdobrando-se na composição de todos os conjuntos de ferramentas que compõem a caixinha de gestão.

Não há ferramenta que sobressaia a outra, dentre tantas outras ferramentas de gestão disponíveis. Todas possuem o mesmo grau de importância para o propósito a que se destinam; a escolha dependerá da estratégia, da natureza e da complexidade do negócio envolvido.

O que temos a ressaltar no momento, e principalmente ao tratarmos do setor da construção civil, é uma ferramenta que, diante aos riscos envolvidos, merece a nossa total atenção para com a sua eficaz aplicação. Refiro-me à implantação e à manutenção do **Programa de Integridade**.

2.3. Programa de integridade

Antes de falar propriamente sobre programa de integridade na construção civil, é preciso fazer uma rápida introdução de como ele surgiu no Brasil.

O histórico começa com a corrupção se tornando um assunto com atenção cada vez maior nas comunidades mundiais, principalmente após a unificação do seu combate conquistada por meio da Convenção das Nações Unidas contra a Corrupção – UNCAC (UNODC, 2016a).

Quando o texto final da UNCAC foi aprovado e colocado para assinatura por todos os países membros, o combate à corrupção passou a contar com padronização e operações globais em grande escala de abrangência.

O texto da Convenção entrou em vigor em dezembro de 2005 e possui atualmente as assinaturas ratificadas por 180 de seus países membros, faltando apenas Barbados, Japão e República Árabe da Síria (UNODC, 2016b).

Mas por que, ao se falar de corrupção e de seu combate, normalmente ocorre a sua associação com o setor da construção civil?

As economias dos países possuem na indústria da construção uma parcela representativa de suas formações, sendo o setor responsável, em média, por

6,0% do PIB (Produto Interno Bruto) mundial e por contribuir indiretamente com o crescimento econômico geral por meio de melhorias na infraestrutura; porém, por meio do estreitamento de sua atuação junto aos governos, tem se tornado uma das indústrias mais corruptas do mundo (KENNY, 2009).

Os gastos globais com construção devem duplicar até 2030, quando poderá alcançar quase 18 trilhões de dólares por ano, e se até lá nada for feito a respeito, esse gasto representará perdas aproximadas de 6 trilhões de dólares por ano com corrupção, ineficiência e má gestão (MATTHEWS, 2016).

Segundo a Federação das Indústrias do Estado de São Paulo (FIESP, 2010), a corrupção no Brasil resulta em custos na ordem de 1,38% a 2,30% do seu PIB, algo em torno de 41,5 a 69,1 bilhões de reais, para dados de 2008. Uma estimativa média atual indica que, considerando o PIB brasileiro de 2016 de 6,266 bilhões de reais, a corrupção representaria perdas de 200 bilhões de reais ao ano (DALLAGNOL, 2017), algo em torno de 3% do PIB.

A indústria da construção do Brasil exerce um forte papel no fortalecimento da economia do país. O relatório do Instituto Brasileiro de Geografia e Estatística (IBGE, 2017) informa que essa indústria representou 303,83 bilhões de reais, ou 5,6% do valor adicionado a preços básicos do PIB no ano de 2016. Essa contribuição anual se manteve entre 4,3% e 7,0% do PIB nos últimos 15 anos (Figura 7).

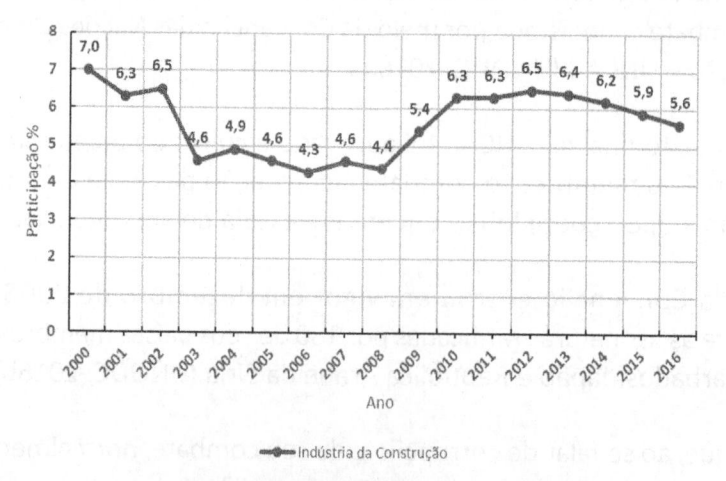

Figura 7. Participação da construção.
Fonte: autor[4].

---

[4] Nota: valores obtidos no relatório "Contas Nacionais Trimestrais" do IBGE.

Tratando especificamente do Brasil e de corrupção envolvendo o setor de construção civil, o país teve, com a deflagração no ano de 2015 da fase ostensiva da Operação Lava Jato da Polícia Federal do país (MPF, 2016; POLÍCIA FEDERAL, 2016), a revelação de que a estatal brasileira do setor de petróleo Petrobras se viu envolvida com o favorecimento de empresas privadas contratadas para execução de obras, que efetuavam lavagem de dinheiro e pagamento de propinas a executivos da estatal e a outros agentes públicos.

A Operação Lava Jato se tornou a maior investigação de corrupção e lavagem de dinheiro que o Brasil já teve até então (POLÍCIA FEDERAL, 2016) e a mais importante operação mundial no combate à corrupção da atualidade (TRANSPARENCY INTERNATIONAL, 2016).

Com os desdobramentos das investigações sobre o caso, surgiram outros casos de corrupção na contratação de obras públicas, além dos inicialmente identificados nas obras contratadas pela Petrobras. Seriam práticas sistêmicas de corrupção, ocorridas ao longo de trinta ou quarenta anos, que colocariam qualquer país na posição de amador quando comparado ao Brasil (DABÈNE, *apud* FERNANDES, 2017).

A análise sobre dados de vinte anos da Polícia Federal brasileira, compreendidos entre 1994 e 2014, revela que a construção civil é o setor privado da economia que se destaca com a maior incidência de envolvimento em casos de corrupção no Brasil (PAULA, 2016).

A corrupção em obras públicas no Brasil já era lembrada por Huntington (1968) quando, ao reforçar que as fases de grandes modernizações propiciaram o surgimento da corrupção, citou o Brasil do Presidente Juscelino Kubitschek como exemplo, uma época marcada por alto volume de investimentos que fez com que a corrupção se tornasse preponderante.

De fato, investigações sobre a Operação Lava Jato demonstraram que as práticas corruptas entre o setor de construção civil e o estado brasileiro são sistêmicas desde o final da década de 1980 (GEDDES; RIBEIRO NETO, 1992; LOPES, 2016), conforme declarou Emílio Alves Odebrecht, patriarca do Grupo Odebrecht, em seu depoimento para o Ministério Público Federal do Brasil (MARIZ, 2017).

Entre os nove maiores escândalos de corrupção no Brasil, oito desses citados por Carson e Prado (2014) entre 1992 e 2013, e somada a Lava Jato em 2014, ao menos quatro possuíam relação direta com setor da construção civil e dois deles foram emblemáticos porque resultaram na destituição por impeachment de dois presidentes brasileiros: Fernando Affonso Collor de Mello, em 1992, e Dilma Vana Rousseff, em 2016.

O processo de impeachment do Presidente Fernando Collor, apesar de ter ocorrido em ano anterior, em 1992, quando se descobriram crimes de extorsão e tráfico de influências envolvendo o Presidente (CARSON; PRADO, 2014), teve relação com o Escândalo do Orçamento, em 1993, onde foram reveladas práticas de corrupção entre o setor de construção civil e o estado brasileiro (GEDDES; RIBEIRO NETO, 1992; CARVALHOSA, 1995), que se iniciaram em 1986, quando Fernando Collor ainda era candidato e fora eleito como governador do estado de Alagoas (CARVALHOSA, 1995; DUARTE, 2013).

O impeachment da Presidente Dilma Vana Rousseff teve relação com a forte crise política que se instaurou após a deflagração da Operação Lava Jato, que envolveu esquemas de corrupção entre o setor de construção civil e o estado brasileiro, por meio da Petrobras (BRUNEAU, 2016).

Com os desdobramentos das investigações da Operação Lava Jato, a corrupção no setor de construção do Brasil ganhou notoriedade de projeções internacionais, tendo por carro-chefe a empreiteira Odebrecht, que passou a ser considerada a empresa mais corrupta da história da humanidade (SALIBA et al., 2017; GILLESPIE; BROCCHETTO, 2017; HELCIAS, 2016).

Em entrevista sobre o atual caso de corrupção no Brasil, Sérgio Moro, Juiz Federal do Brasil no Estado do Paraná e responsável pelas ações penais da Operação Lava Jato, afirmou que a estrutura do sistema de concorrência pública, ora como prevista, fora substituída pela estrutura da prática do cartel, que impôs as suas regras em prol de propósitos particulares e inescrupulosos (VIEIRA, 2015). Pontes (2017) considera pouco provável que atualmente uma licitação de obra pública no Brasil não esteja viciada, um verdadeiro "crime institucionalizado".

Sobre esse contexto histórico, e diante de um dos compromissos que os países signatários da UNCAC assumiram, o Brasil se viu no dever de estabelecer suas políticas de combate à corrupção (UNODC, 2016a).

Em atendimento a esse compromisso, o Brasil passou a contar com a Lei nº 12.846, de 1º de agosto de 2013, que "dispõe sobre a responsabilização administrativa e civil de pessoas jurídicas pela prática de atos contra a administração pública, nacional ou estrangeira, e dá outras providências" (BRASIL, 2013, p. 1), lei que passou a ser conhecida como "Lei Anticorrupção" ou "Lei da Empresa Limpa".

Por essa lei, as empresas que vierem a se envolver em algum ato de corrupção por intermédio de seus funcionários, fornecedores ou parceiros, ou por qualquer pessoa que atue em nome da empresa, poderão sofrer processos civil e administrativo, tornando-se passíveis de multas, de suspensão ou interdição parcial de atuação ou ter até o seu registro de funcionamento cancelado (BRASIL, 2013).

O Decreto nº 8.420/2015, que regulamenta a Lei nº 12.846/2013, trouxe a necessidade de as empresas terem e principalmente manterem ativo um "Programa de Integridade", nos termos do seu art. 41:

> Para fins do disposto neste Decreto, programa de integridade consiste, no âmbito de uma pessoa jurídica, no conjunto de mecanismos e procedimentos internos de integridade, auditoria e incentivo à denúncia de irregularidades e na aplicação efetiva de códigos de ética e de conduta, políticas e diretrizes com objetivo de detectar e sanar desvios, fraudes, irregularidades e atos ilícitos praticados contra a administração pública, nacional ou estrangeira (BRASIL, 2015, p. 5).

O Programa de Integridade passa assim a ser uma ferramenta importante de gestão que deve se integrar ao Programa de *Compliance* de uma empresa. Segundo o entendimento da Controladoria Geral da União brasileira, o *compliance* abrange as medidas necessárias para que a empresa esteja de acordo com todas as suas obrigações (CGU, 2015).

Mais do que estar em conformidade com as leis e de cumprir regras, formais ou não, por meio de políticas de *compliance* se estabelece uma ferramenta estratégica da gestão, de controle de riscos legais, regulatórios ou de reputação, que deve refletir a ética empresarial (RIBEIRO; DINIZ, 2015).

As construtoras no Brasil são heterogêneas e com diferentes nichos de atuação. Falando especificamente das empreiteiras de obras públicas, que são as construtoras de grandes projetos de infraestrutura, e falando das vinte maiores empresas desse setor que possuem capital acionário fechado, a preocupação com *compliance* até então esteve ligada predominantemente ao gerenciamento de cada contrato e às regras internas das empresas e/ou de seus clientes, procurando identificar desvios de gestão (qualidade, prazo, custo, licenciamentos) ou de conduta (conluio com fornecedores) que pudessem levar o contrato a algum tipo de prejuízo.

Mas o mercado de construção já teria reagido a esses fatos recentes e à necessidade de implementar e manter um Programa de Integridade? Talvez ainda seja muito cedo para uma avaliação, até mesmo porque o mercado ainda não se encontra novamente aquecido, não houve oportunidade para colocar em prova se as empresas tiveram uma mudança real de comportamento.

A Operação Lava Jato e a Lei Anticorrupção são muito recentes. Percebe-se que um grupo de empresas já passou a divulgar seus Códigos de Conduta, e algumas mencionam terem implementado um Programa de Integridade. Por enquanto, não se vê nada além disso.

Em abril de 2017 o tema recebeu mais uma novidade. Foi publicada a norma ABNT NBR ISO 37001 – Sistemas de gestão antissuborno – Requisitos com orientações para uso.

No Brasil, de acordo com o Código Penal em vigor, conferido pelo Decreto--Lei nº 2.848, de 07 de dezembro de 1940, a corrupção é considerada um dos crimes praticados contra a administração pública, denominada de corrupção passiva quando realizada por funcionário público e de corrupção ativa quando o crime de corrupção é praticado por particular (BRASIL, 1940).

> Corrupção passiva. Art. 317 – Solicitar ou receber, para si ou para outrem, direta ou indiretamente, ainda que fora da função ou antes de assumi-la, mas em razão dela, vantagem indevida, ou aceitar promessa de tal vantagem: Pena – reclusão, de 2 (dois) a 12 (doze) anos, e multa (BRASIL, 1940, p. 2412).

> Corrupção ativa. Art. 333 – Oferecer ou prometer vantagem indevida a funcionário público, para determiná-lo a praticar, omitir ou retardar ato de ofício: Pena – reclusão, de 2 (dois) a 12 (doze) anos, e multa (BRASIL, 1940, p. 2413).

Mas não existiria "corrupção entre privados"? Ocorre que, no Brasil, a "corrupção entre privados", definida como "suborno" pelo Art. 21 da Convenção das Nações Unidas Contra a Corrupção (UNODC, 2017), ainda não possui um ordenamento jurídico – então, não seria um crime (BRASIL, 2017), ao menos não nos termos estabelecidos no Código Penal do país.

A norma ABNT NBR ISO 37001 traz a preocupação com o assunto corrupção de maneira generalizada, sem o enfoque da sua relação com o poder público trazido pela Lei Anticorrupção ou, como visto anteriormente, pelo Código Penal, ou até mesmo pela própria definição geral de corrupção, que estabelece a necessidade de haver algum tipo de vantagem, pecuniária ou não, direta ou indireta, que envolva um agente público.

"A minha construtora, ou a minha obra, está longe da relação com o setor público. Os trabalhos são realizados para clientes do setor privado. Estou, assim, livre da corrupção e da necessidade de um Programa de Integridade" – NÃO!

O risco de quem enquadrou a sua operação nessa afirmação muito provavelmente é menor que o risco daquele gestor ou construtora que possui como cliente o setor público. É apenas menor, não significa que ele é nulo.

A implantação e, principalmente, a manutenção de um Programa de Integridade não é apenas para quem trabalha com o setor público, ou muito menos para somente funcionar como catálogo de propaganda da empresa, ou apenas para obter uma eventual certificação na norma ABNT NBR ISO 37001. Ter por apenas ter não deve ser o objetivo de nenhum sistema de gestão (lembra daquelas ferramentas caras e que ninguém usa?).

Os benefícios obtidos com um programa de integridade, desde que bem implementado e mantido, são significativos. O ganho efetivo de transparência nas relações de trabalho e a transmissão de um pensamento ético a todos da equipe tornam-se algo natural e perene com o tempo.

Os ganhos ocorrem em efeito cascata. As raposas não irão se aproximar de um rebanho bem protegido – e caso haja alguma raposa em pele de ovelha no seu rebanho, esta logo procurará trabalho em outro lugar. Essas são algumas das principais vantagens de um bom programa de integridade:

- **Efeito motivacional:** funcionários e fornecedores se sentirão mais confiantes de trabalhar em um ambiente que reconhece os valores pregados.
- **Imagem favorecida e fortalecida:** algo que seja positivo irá atrair negócios positivos e afastará os problemas. Ocorrerá maior facilidade na obtenção de empréstimos e vantagens na negociação de prêmios de seguros.
- **Prevenção de fraudes:** um ambiente estruturado e sob monitoramento periódico é menos suscetível a fraudes que possam levar a perdas materiais, desvios financeiros e ao risco de deterioração da imagem da empresa.

Situações de corrupção, suborno e fraudes, livres de qualquer medida preventiva, podem levar a situações inusitadas, a qualquer momento e de impacto com proporções adversas.

Acompanhe agora o seguinte exemplo de desvio interno em uma empresa:

- Um funcionário da empresa terá que realizar um trabalho escolar à noite e no intervalo de almoço se esqueceu de passar na papelaria próxima ao escritório para comprar papel sulfite. Ele vê, próximo à impressora na sala onde trabalha, caixas contendo dezenas de pacotes de papel sulfite. Ele se dirige até a impressora e, ao perceber que não existe nenhum tipo de controle sobre o conteúdo de papel ali depositado, resolve pegar umas duzentas folhas, necessárias para o seu trabalho escolar.
- Alguns dias depois, e agora mais confiante de que sua atitude em nada prejudicou a empresa (ninguém deu falta do material), o funcionário agora resolve pegar um pacote fechado de folhas de sulfite para montar em sua casa um pequeno 'estoque pessoal'.
- Com o passar do tempo esse funcionário evolui a sua apropriação para outros materiais e aumenta gradativamente as quantidades, até

que, um dia, é casualmente flagrado no seu ato e a empresa assim o demite por justa causa.
- O funcionário se sente ofendido pelo motivo "injusto" de sua demissão e resolve processar a empresa, obtendo ganho da sua ação na justiça com a reversão da justa causa e ainda recebendo uma boa indenização por danos morais.

Ele era um excelente funcionário, com mais de dez anos de empresa. A sua substituição trouxe para a empresa um prejuízo com a redução das vendas de um dos seus principais produtos onde esse funcionário atuava que levou quase um ano para ser recuperado.

A empresa, nesse exemplo, não se preocupou com a integridade em seu ambiente de trabalho. No desfecho do caso, ao demitir o funcionário por justa causa, o fez sem ter provas consistentes de seu ato lesivo e por esse motivo perdeu a ação em favor do funcionário.

As provas que a empresa reuniu não passavam de testemunhais. Ao ser questionada no processo sobre o seu controle de estoque de materiais de escritório, a empresa não teve como comprová-lo simplesmente porque não realizava nenhum tipo de controle na entrada e saída desses materiais.

Paradoxalmente, o réu virou vítima e a vítima virou ré. Aparentemente incomum, a ocorrência de situações similares à desse exemplo pode se tornar mais comum do que se imagina.

Agora pense no prejuízo real dessa empresa. A empresa não perdeu apenas um pouco de material de escritório. Além dos custos processuais e indenizatórios, a empresa perdeu vendas e teve a sua imagem afetada no mercado.

Evidentemente que não seria motivo para agora sair trancando tudo, controlando tudo e desconfiando de todos. É necessário que a organização seja estruturada, organizada e transparente. Não se trata de uma "caça às bruxas".

A Controladoria Geral da União do Brasil preconiza cinco pilares para um Programa de Integridade (Figura 8).

#1	#2	#3	#4	#5
Alta gestão comprometida	Autonomia dos responsáveis	Análise dos riscos	Definição e divulgação das regras	Monitoramento contínuo

Figura 8. Cinco pilares do Programa de Integridade.
Fonte: autor, adaptado de CGU (2015), p. 7.

O Programa de Integridade deve refletir a realidade e a identidade da empresa para a qual foi elaborado. O que pode ser necessário para uma empresa não necessariamente se mostra necessário para outra, mesmo se tratando de empresas do mesmo setor.

A única similaridade entre os programas passa pela abrangência desses cinco pilares, como explica o CGU:

> 1º: **Comprometimento e apoio da alta direção**. O apoio da alta direção da empresa é condição indispensável e permanente para o fomento a uma cultura ética e de respeito às leis e para a aplicação efetiva do Programa de Integridade.
>
> 2º: **Instância responsável pelo Programa de Integridade**. Qualquer que seja a instância responsável, ela deve ser dotada de autonomia, independência, imparcialidade, recursos materiais, humanos e financeiros para o pleno funcionamento, com possibilidade de acesso direto, quando necessário, ao mais alto corpo decisório da empresa.
>
> 3º: **Análise de perfil e riscos**. A empresa deve conhecer seus processos e sua estrutura organizacional, identificar sua área de

atuação e principais parceiros de negócio, seu nível de interação com o setor público – nacional ou estrangeiro – e consequentemente avaliar os riscos para o cometimento dos atos lesivos da Lei nº 12.846/2013.

4º: Estruturação das regras e instrumentos. Com base no conhecimento do perfil e riscos da empresa, deve-se elaborar ou atualizar o código de ética ou de conduta e as regras, políticas e procedimentos de prevenção de irregularidades; desenvolver mecanismos de detecção ou reportes de irregularidades (alertas ou *red flags*; canais de denúncia; mecanismos de proteção ao denunciante); definir medidas disciplinares para casos de violação e medidas de remediação. Para uma ampla e efetiva divulgação do Programa de Integridade, deve-se também elaborar plano de comunicação e treinamento com estratégias específicas para os diversos públicos da empresa.

5º: Estratégias de monitoramento contínuo. É necessário definir procedimentos de verificação da aplicabilidade do Programa de Integridade ao modo de operação da empresa e criar mecanismos para que as deficiências encontradas em qualquer área possam realimentar continuamente seu aperfeiçoamento e atualização. É preciso garantir também que o Programa de Integridade seja parte da rotina da empresa e que atue de maneira integrada com outras áreas correlacionadas, tais como recursos humanos, departamento jurídico, auditoria interna e departamento contábil-financeiro. (CGU, 2015, p. 6-7, grifo nosso).

Uma vez definido, divulgado, aplicado e monitorado, o Programa de Integridade não se torna algo rígido, inalterável (ou pior, algo que vai para a gaveta e que ninguém mais olha). Por ele refletir uma estrutura orgânica, deve ser flexível como esta. É inevitável que surjam novos riscos, que controles inicialmente previstos não se demonstrem mais eficazes e que ajustes sejam necessários ao longo do tempo.

Por esses motivos, e para configurar uma atividade viva e presente, dentre os cinco pilares o monitoramento contínuo é a atividade que realmente deve se fazer presente, que nunca cessa. O seu papel é fazer com que a chama esteja sempre vibrante e nunca se apague.

Por outro lado, monitorar e não tomar nenhuma ação efetiva sobre os apontamentos surgidos por meio do monitoramento causa o descrédito total do programa. Já vivenciei situações em que a empresa prezava por ter seus relatórios mensais de auditoria, mas todos os meses uma boa parte dos apontamentos era recorrente. A minha recomendação nessas situações? Suspender imediatamente a realização das auditorias!

Não é apenas com a realização do monitoramento que os problemas se resolverão. Se toda vez que chove a casa é destelhada, não é repondo a cobertura pelo mesmo tipo de telha que garantirá a proteção da casa na próxima chuva.

Cada pilar seria como um prato no malabarismo, com a vantagem de ter ao menos um responsável por prato para equilibrar cada um dos cinco pratos.

Se eu consegui que você chegasse com a leitura até este ponto do capítulo, muito provavelmente você, agora, concorda com a minha afirmação: um Programa de Integridade efetivo não trata unicamente da integridade, nos aspectos trazidos por meio da Lei da Empresa Limpa. Os mesmos recursos podem ser trabalhados para abranger todos os riscos de gestão da empresa.

É bem verdade que alguns dos riscos, boa parte deles, estão no canteiro de obras e uma parcela desses é específica do projeto em execução. Não me refiri a esses riscos, que a equipe da obra tratará com habilidade. Refiro-me aos riscos que envolvem decisões que independem das diretrizes da equipe da obra.

A proposta é mesclar as figuras 6 e 8 anteriores na Figura 9 e aplicá-la para todos os processos de gestão da empresa.

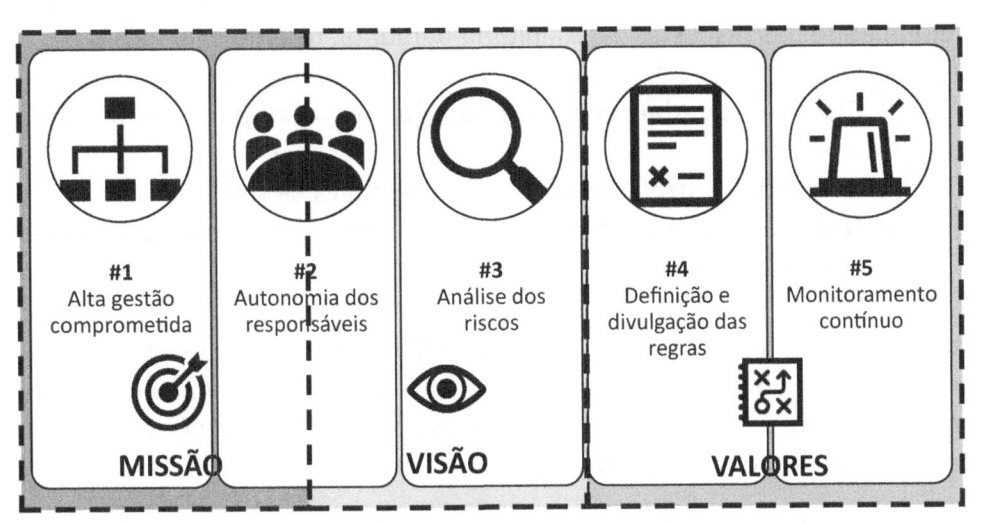

#1	#2	#3	#4	#5
Alta gestão comprometida	Autonomia dos responsáveis	Análise dos riscos	Definição e divulgação das regras	Monitoramento contínuo
MISSÃO		VISÃO	VALORES	

Figura 9. Aplicação dos pilares de integridade à missão, à visão e aos valores da empresa.
Fonte: autor.

Um bom método para começar a colocar em prática o que foi apresentado até aqui e sem prevalecer a sequência numérica dos pilares da Figura 9 é começar mais pelo final, ou seja, pelos pilares #4 e depois #3.

Alguns poderão defender que há uma ordem lógica a ser respeitada, a começar por #1 e seguir até #5, que primeiro define-se a missão, para na sequência se estabelecer a visão e por fim os valores. Eu acredito que tal rigidez possa até fazer algum sentido em uma empresa ou negócio que está sendo criado do zero, mas não em empresas em funcionamento há algum tempo.

A vantagem de começar pelo final, ou melhor, pelo pilar #4, é não perder nada que haja de boa prática na empresa. Se feito de outro modo, digamos, tradicional, a tendência é sobrepor valores trazidos por influências alheias aos processos, e algo que possa ser suficientemente bom iria assim se perder.

Uma vez identificado tudo aquilo que a empresa faz, do modo exato de como se faz, o passo seguinte, na ordem do fim para o começo, é identificar os riscos naquilo que se faz (pilar #3). Ao identificar os riscos, questiona-se cada um deles sobre se o processo, ora como mapeado, oferece algum tipo de controle para aquele risco.

Dependendo das respostas a essa última pergunta, teremos:

> **Risco adequadamente controlado:** processo pode ser mantido inalterado.
> **Risco não controlado:** processo necessitará de revisão.
> **Não há risco atrelado:** processo muito provavelmente poderá ser eliminado.

Para tudo o que se faz deve haver um propósito. Não se espante ao encontrar um formulário, uma rotina de conferência ou a elaboração de um relatório que possam não estar servindo para nenhum propósito. Será um bom momento para repensá-los e eliminá-los.

Isso tudo foi muito rápido e ficou confuso? Concordo. Vou tentar recuperar o entendimento por meio do exemplo a seguir, que se refere ao acompanhamento de uma atividade de recebimento, descarga e armazenagem de uma remessa de sacos de cimento no canteiro de obras.

> O caminhão com a carga de sacos de cimento estaciona em local próximo à entrada do canteiro de obras, na rua, em área externa ao canteiro.
> O transporte está acompanhado pelo motorista do caminhão e mais dois ajudantes.
> O motorista do caminhão entrega a nota fiscal para a apontador da obra, que trabalha no almoxarifado como responsável por recepcionar e conferir as mercadorias recebidas.
> O apontador autoriza a descarga dos sacos de cimento e indica o local onde estes devem ser colocados.
> Os três, motorista e mais dois ajudantes, começam a realizar a descarga dos sacos de cimento do caminhão e a carregar saco por saco, acondicionando-os no local indicado pelo apontador.
> O apontador se distancia do processo de descarga e se dirige ao interior do canteiro de obras, retornando somente após ser chamado pelo motorista do caminhão ao terminar a descarga dos sacos de cimento.
> O apontador assina o canhoto da nota fiscal e entrega ao motorista do caminhão, que assim se retira da obra e vai embora juntamente com os dois ajudantes.

> O apontador efetua a entrada em sistema dos sacos de cimento no controle de estoque e entrega a nota fiscal para o assistente financeiro dar seguimento ao seu pagamento.

Tentei descrever como exemplo uma atividade rotineira no canteiro de obras. Mesmo aqueles que não tenham presenciado algum dia esse tipo de atividade poderão visualizá-la mentalmente com certa facilidade.

Quais seriam os riscos envolvidos nesse processo? Cito os principais:

> Armazenamento inadequado.
> Recebimento de produto em desacordo.
> Desvios de materiais.
> Risco de imagem da construtora.
> Acidentes.
> Atraso na obra.

O processo, como descrito no exemplo, não reúne evidências suficientes para afastar a possibilidade de que certos riscos possam se concretizar e, pior, sem que possam ser identificados, ao menos não facilmente. Já pensou na possibilidade, no exemplo anterior, de ter ocorrido a entrega de apenas dois terços dos sacos de cimento? Ou, pior ainda, já pensou na possibilidade de ocorrer entrega nenhuma?

Evidentemente que em pequenos consumos um eventual desvio desses poderá ser detectado mais facilmente e a falta do material esperado acabará por alertar que algo de errado aconteceu.

Todavia, como ficariam situações como essa descrita no exemplo quando se tratar de grandes quantidades? Ou no recebimento de volumes cujos materiais possuam características não tão simples de conferência, como no caso de sacos de cimento?

O gestor daquela empresa fadada pela "sorte" deve ter essa resposta na ponta da língua; ora, basta considerar esses pequenos desvios no custo da obra – afinal, se o contrato foi assinado e tudo isso já foi previsto no custo, o cliente é que está pagando essa conta!

Complementando o seu pensamento, ele poderá ainda concluir que, quanto maior for o preço de venda, maior o faturamento da construtora e se o custo não for afetado o resultado da empresa está garantido. Certamente não são afirmações como essas que vemos escritas nas declarações de missão, visão e valores das empresas.

Pensando na outra ponta dessa linha, novamente, não é para passar a desconfiar de tudo e de todos. Os controles devem ser suficientes para mitigar os riscos, porém sem trazer maiores prejuízos que o próprio risco pudesse trazer, caso este ocorresse.

Quando passamos a conhecer os nossos problemas e temos a oportunidade de fazer algo para evitá-los ou ao menos mantê-los sob certo nível de controle tolerável, passamos nesse momento a gerenciar riscos.

Um dos meios possíveis de se chegar às respostas necessárias sobre as perguntas lançadas anteriormente referentes ao nível de controle sobre cada processo no seu papel de mitigar os riscos é por meio do emprego do método Delphi.

O método Delphi consiste na busca pela solução de um problema por meio da reunião de especialistas e com eles aplicar rodadas de questões estruturadas sobre um problema até se chegar a uma solução de consenso (DALKEY; HELMER, 1963).

Não é um método muito complicado de se aplicar na busca da solução para problemas, apenas deve-se ter alguns cuidados ao utilizá-lo. Mesmo "... a despeito das inúmeras polêmicas que cercam o método, o Delphi, usado com criatividade e com o devido cuidado, ainda é um instrumento de grande valia..." (KAYO; SECURATO, 1997).

Kayo e Securato (1997) ressaltam algumas das inconsistências que o método Delphi pode apresentar em seus resultados:

> ➢ O resultado obtido pode variar para diferentes grupos de especialistas.
> ➢ Os especialistas não estariam habilitados para avaliar os questionamentos que surgem por parte dos integrantes do grupo formado para discussão.

➢ O surgimento de alguém no grupo com maior habilidade de persuasão pode levar a um consenso fragilizado.
➢ Um dos integrantes do grupo pode se tornar incisivo em seu ponto de vista, mesmo sabendo estar errado, somente para não admitir o seu erro perante os demais integrantes do grupo.
➢ Ocorrência do efeito *bandwagon*, quando o pensamento de uma maioria convence uma minoria.
➢ Um dos especialistas pode demonstrar tendência a interesses específicos e pessoais sobre o tema.
➢ Um dos especialistas pode se ausentar, por indisponibilidade de sua agenda, e vir a ser substituído por uma segunda opção que não esteja tão comprometida com a discussão do tema.

A aplicação de questões por meio de formulários a serem respondidos individualmente por cada entrevistado, sem a dependência de uma reunião entre os participantes da entrevista e com a garantia de anonimato, pode ser uma das opções a serem adotadas para minimizar alguns dos efeitos citados anteriormente.

Para uma melhor condução dos trabalhos de análise sobre os resultados colhidos pelo método, para facilitar a tomada de decisão sobre os controles necessários em cada processo e para minimizar eventuais surgimentos de vieses nas decisões que forem tomadas que possam ocorrer por influência de algumas das situações anteriormente mencionadas, cada etapa do processo pode ser analisada por meio de uma matriz de pontuação, como no exemplo da Figura 10.

Processo	Risco 1		Risco 2		Risco 3		...		Risco n		Σ
	8		3		7		...		5		
Etapa 1	3	5	120	3	27	8	168	...	...	8	120	2.315
Etapa 2	5	2	80	2	30	4	140	...	...	5	125	1.912
Etapa 3	9	7	504	3	81	6	378	...	...	9	405	2.845
...	...	...	...	...	...	...	...	...	...	...	...	...
Etapa n	8	1	64	4	96	3	168	...	...	8	320	1.618

9 x 6 x 7 = 378

Figura 10. Matriz de pontuação das etapas do processo.
Fonte: autor.

Com a adoção de pesos em uma escala de 1 até 10, cada etapa obtém como resultado a ponderação de três variáveis de relevância, como destacado no exemplo da Figura 10:

> Da etapa em relação às demais etapas do processo (9 na etapa 3).
> Da etapa em relação a cada um dos riscos (6 em relação ao risco 3).
> De cada um dos riscos em relação aos demais riscos do processo (7 no risco 3).

A etapa 3 da Figura 10 possui como resultado o total de 2.845 pontos, o que a coloca como a etapa de maior relevância entre as demais etapas do processo.

Essa graduação possui dois propósitos. Além de contribuir para a condução da análise e tomada de decisão, a tabela final, resultante após responder a todas as três perguntas sobre controles de riscos nas etapas dos processos, poderá ser utilizada no monitoramento da implantação e na manutenção dos controles, realizado por meio de auditoria, no pilar #5.

O resultado da auditoria poderá assim ser expresso em percentual da aderência da equipe aos processos da empresa, em uma visão global considerando a somatória das etapas de todos os processos e uma visão pontual, de cada processo e etapa, ilustrado na Figura 11.

Processo A	Σ	Peso	Processo B	Σ	Peso	Processo C	Σ	Peso
Etapa 1	2.315	50%	Etapa 1	2.732	25%	Etapa 1	3.021	50%
Etapa 2	1.912	75%	Etapa 2	1.091	0%	Etapa 2	2.492	50%
Etapa 3	2.845	100%	Etapa 3	833	50%	Etapa 3	1.095	100%
...	...		...	...		...	...	
Etapa n	1.618	50%	Etapa n	2.011	15%	Etapa n	1.292	100%
Σ	18.420	68%	Σ	15.972	18%	Σ	26.210	83%

Figura 11. Exemplo da aplicação da matriz de pontuação nas etapas do processo.
Fonte: autor.

A leitura dos resultados de exemplo na Figura 11 revela que a aderência da equipe aos três processos analisados é menor no processo B. Mesmo sendo o processo B de menor relevância em relação aos demais processos, por ser o processo que apresenta a menor somatória de pontos devido ao resultado da aderência na auditoria ser o menor entre os três, ficando em 18%, este é o processo que merecerá maior atenção quanto à exposição aos riscos.

Na somatória dos três processos a equipe obteve o seguinte resultado:

$$\frac{18.420 \times 0,68 + 15.972 \times 0,18 + 26.210 \times 0,83}{18.420 + 15.972 + 26.210} = 0,84 \therefore 84\%$$

Em uma apresentação sumarizada, a equipe obteve um desempenho de 84% de aderência aos processos de gestão da empresa, com ponto de atenção na baixa aderência no processo B, que ficou em 18%, e na baixa aderência na etapa 2 do processo B, que ficou em 0%.

Com esses resultados divulgados e conhecidos por todos, os pilares #1 e #2 entram na discussão para que sejam tomadas medidas de melhoria sobre os processos identificados com as menores aderências.

A condução das auditorias pode ser programada em ciclos, dando ênfase a etapas, processos e locais em que a aderência tenha sido menor em rodadas anteriores.

2.4. Conclusão

Por mais que essa fase histórica do Brasil e do setor de construção no país possa marcar um momento de transição, uma verdadeira cumeeira em um telhado de vidro, a força da necessidade ainda não deixará de exercer o seu papel como fomentadora de mudanças.

Em se tratando especificamente do Programa de Integridade, o seu diferencial, dentre os temas que orbitam o universo da governança corporativa, está exatamente em como o gestor conseguirá perceber as necessidades.

O Brasil não é um país com baixas temperaturas, o seu clima não propicia a ocorrência de temperaturas constantemente abaixo de zero graus Celsius. Não há neve. Também não há terremotos, ciclones ou vulcões ativos que possam ameaçar com erupções.

Se houvesse, por exemplo, terremoto, as construções, pontes, estradas, casas e edifícios, haveriam de estar preparadas para se manter de pé, íntegras, oferecendo a segurança necessária a seus usuários.

De mesmo modo, se houvesse a incidência de baixas temperaturas, as construções, em especial as residências, haveriam de estar preparadas para oferecer suficiente conforto térmico a seus ocupantes.

Há corrupção no Brasil. Não que o país seja o único a sofrer com esse mal, mas, especificamente em se tratando do Brasil, a sua história recente mostra que há corrupção sistêmica atingindo o setor de construção civil.

A corrupção sistêmica no setor de construção civil seria para o país o equivalente à sua baixa temperatura, ao seu terremoto. Se o conforto térmico e a robustez estrutural são as necessidades para esses problemas, quais seriam as necessidades perante a corrupção sistêmica?

"Ah, sou forte e posso suportar essa nevasca. Se um terremoto vir a me derrubar, tudo bem, eu me ergo novamente". Não seriam esses casos de questões individuais, há vidas de terceiros envolvidas. Com o tratamento da corrupção não haveria de ser diferente; a corrupção precisa ser combatida primordialmente para além da empresa.

É cada vez maior na sociedade a percepção dos malefícios que a corrupção sistêmica pode causar, que é acompanhada da baixa credibilidade depositada no setor da construção civil em se mostrar íntegro diante desse mal.

Estaríamos tecnicamente preparados para oferecer ao mercado a construção de casas resistentes a terremotos? Estas seriam mais caras que as atuais sem esse tipo de proteção? Haveria de prevalecer a opção pela aquisição de casas "tradicionais", sem segurança alguma contra terremotos?

Acaso prevalecesse a insistência por construir casas que não suportem terremotos, no futuro poderíamos nos ver todos sem casas para morar e sem recursos para construir novas casas, tamanho o desperdício ocorrido com repetidas reconstruções.

E, relembrando, a corrupção não circunda apenas a relação direta das empresas com o setor público. A perda de vidas causadas pelo terremoto de

1999 na Turquia teria sido menor se as construtoras não tivessem praticado o pagamento de propina com o objetivo de aumentar os seus ganhos com a construção de casas de qualidade inferior, burlando o cumprimento de normas de segurança (KINZER, 1999).

A visibilidade sobre a regulação do setor de construção civil no país nunca foi maior e isso não recuará. É cada vez maior a facilidade de obter informações, e com ela fazer comparações. Qualquer problema ou desvio se torna rapidamente de conhecimento público.

O surgimento e o emprego de processos de trabalho baseados em novas tecnologias, como a BIM – *Building Information Modelling*, farão que com a transparência diminua os custos exorbitantes e a corrupção (SINDUSCON-SP, 2016).

A releitura da sua estratégia, com o enfoque pragmático sobre a governança corporativa trazido aqui, até poderá não representar algum benefício de curto prazo, mas é certo que se tratará de uma questão de sobrevivência de negócio no médio prazo.

Bibliografia

BRASIL. Presidência da República. Casa Civil. Decreto Nº 8.420, de 18 de março de 2015. Regulamenta a Lei nº 12.846, de 1º de agosto de 2013, que dispõe sobre a responsabilização administrativa de pessoas jurídicas pela prática de atos contra a administração pública, nacional ou estrangeira e dá outras providências. Diário Oficial [da] República Federativa do Brasil, Poder Legislativo, Brasília, DF, Seção 1, p. 3, 19 mar. 2015.

_____. Presidência da República. Casa Civil. Decreto-Lei nº 2.848, de 07 de dezembro de 1940. Código Penal. Diário Oficial [da] República Federativa do Brasil, Poder Legislativo, Brasília, DF, Seção 1, p. 2.391, 31 dez. 1940.

_____. Presidência da República. Casa Civil. Lei nº 12.846, de 1º de agosto de 2013. Dispõe sobre a responsabilização administrativa e civil de pessoas jurídicas pela prática de atos contra a administração pública, nacional ou estrangeira, e dá outras providências. Diário Oficial [da] República Federativa do Brasil, Poder Legislativo, Brasília, DF, Seção 1, p. 1, 02 ago. 2013.

BRUNEAU, T. C. **The Impeachment of President Dilma Rousseff:** old politics meets new standards in Brazil. Dudley Knox Library, June 2016. Disponível em: <https://calhoun.nps.edu/bitstream/handle/10945/48949/Bruneau_THE_IMPEACHMENT_OF_PRESIDENT_DILMA_ROUSSEFF_2016-06.pdf?sequence=1&isAllowed=y>. Acesso em: 26 jan. 2018.

CÂMARA DOS DEPUTADOS. Projeto de Lei nº 5895/2016: Inteiro teor. 2017. Disponível em: <http://www.camara.gov.br/proposicoesWeb/fichadetramitacao?idProposicao=2092666>. Acesso em: 01 mar. 2018.

CARSON, L. D.; PRADO, M. M. **Mapping Corruption & its Institutional Determinants in Brazil.** IRIBA Working Paper 08, July 2014. Disponível em: <http://www.brazil4africa.org/wp-content/uploads/publications/working_papers/IRIBA_WP08_Mapping_Corruption_and_its_Institutional_Derminants_in_Brazil.pdf>. Acesso em: 26 jan. 2018.

CARVALHOSA, M. S. B. **O livro negro da corrupção.** São Paulo: Paz e Terra, 1995.

CGU. **Programa de Integridade:** diretrizes para empresas privadas. Controladoria Geral da União, 2015. Disponível em: <http://www.cgu.gov.br/Publicacoes/etica-e-integridade/arquivos/programa-de-integridade-diretrizes-para-empresas-privadas.pdf>. Acesso em: 26 jan. 2018.

DALKEY, N.; HELMER, O. An experimental application of the Delphi method to the use of experts. **Management science**, v. 9, n. 3, 1963, p. 458-467.

DALLAGNOL, D. M. **A luta contra a corrupção:** a Lava Jato e o futuro de um país marcado pela impunidade. Rio de Janeiro: Sextante, 2017. 320 p.

DUARTE, A. PC Farias: Tesoureiro de Collor comandou rede de 'fantasmas'. **O Globo**, 10 jun. 2013. Disponível em: <http://oglobo.globo.com/brasil/pc-farias-tesoureiro-de-collor-comandou-rede-de-fantasmas-8360192>. Acesso em: 26 jan. 2018.

FERNANDES, D. Comparado ao Brasil, mundo é amador em corrupção, diz cientista político francês. **BBC Brasil**, 08 jun. 2017. Disponível em: <http://www.bbc.com/portuguese/brasil-40183416>. Acesso em: 26 jan. 2018.

FIESP. **Relatório – Corrupção:** custos econômicos e propostas de combate. Departamento de Competitividade e Tecnologia (DECOMTEC), mar. 2010.

Disponível em: <http://www.fiesp.com.br/arquivo-download/?id=2021>. Acesso em: 26 jan. 2018.

GEDDES, B.; RIBEIRO NETO, A. Institutional sources of corruption in Brazil. **Third World Quarterly**, v. 13, n. 4, 1992 p. 641-661.

GILLESPIE, P.; BROCCHETTO, M. Odebrecht, creadora de la mayor red de sobornos en la historia moderna. **CNN Español**, 07 abr. 2017. Disponível em: <http://cnnespanol.cnn.com/2017/04/07/odebrecht-creadora-de-la-mayor-red-de-sobornos-en-la-historia-moderna/#0>. Acesso em: 30 jan. 2018.

HELCIAS, R. Para EUA, Odebrecht praticou 'maior caso de suborno da história'. **Veja**, 21 dez. 2016. Disponível em: <http://veja.abril.com.br/brasil/para-eua-odebrecht-praticou-maior-caso-de-suborno-da-historia/>. Acesso em: 30 jan. 2018.

HUNTINGTON, S. **Political order in changing societies.** New Haven: Yale U., 1968.

IBGE. **Contas Nacionais Trimestrais:** Indicadores de Volume e Valores Correntes. Instituto Brasileiro de Geografia e Estatística, abr./jun. 2017. Disponível em: <ftp://ftp.ibge.gov.br/Contas_Nacionais/Contas_Nacionais_Trimestrais/Fasciculo_Indicadores_IBGE/pib-vol-val_201702caderno.pdf>. Acesso em: 30 jan. 2018.

KAYO, E. K.; SECURATO, J. R. Método Delphi: fundamentos, críticas e vieses. **Cadernos de pesquisa em administração**, v. 1, n. 4, 1997, p. 51-61.

KENNY, C. Transport construction, corruption and developing countries. **Transport Reviews**, v. 29, n. 1, 2009, p. 21-41.

KINZER, S. The World; The Turkish Quake's Secret Accomplice: Corruption. **The New York Times**, Aug. 29, 1999. Disponível em: <http://www.nytimes.com/1999/08/29/weekinreview/the-world-the-turkish-quake-s-secret-accomplice-corruption.html>. Acesso em: 30 jan. 2018.

LOPES, P. Esquema de propina da Odebrecht funcionava desde governo Sarney. **UOL**, 26 mar. 2016. Disponível em: <https://noticias.uol.com.br/politica/ultimas-noticias/2016/03/26/esquema-de-propina-da-odebrecht-funcionava-desde-governo-sarney.htm>. Acesso em: 30 jan. 2018.

MARIZ, R. Vídeo: 'Há 30 anos se faz isso', afirma Emilio Odebrecht. **O Globo**, 12 abr. 2017. Disponível em: <https://oglobo.globo.com/brasil/video-ha-30-anos-se-faz-isso-afirma-emilio-odebrecht-21200522>. Acesso em: 30 jan. 2018.

MATTHEWS, P. This is why construction is so corrupt. **World Economic Forum**, Feb. 04, 2016. Disponível em: <https://www.weforum.org/agenda/2016/02/why-is-the-construction-industry-so-corrupt-and-what-can-we-do-about-it/>. Acesso em: 30 jan. 2018.

MPF. **Caso Lava Jato:** entenda o caso. Ministério Público Federal, 2016. Disponível em: <http://lavajato.mpf.mp.br/entenda-o-caso>. Acesso em: 26 jan. 2018.

PAULA, E. H. A. de. **Institutional Voids e Corrupção no Setor Público da Construção Civil no Brasil.** 2016. 122 f. Dissertação (Mestrado) – Curso de Administração, Universidade Fumec, Belo Horizonte, 2016. Disponível em: <http://www.fumec.br/revistas/pdma/article/download/4274/2497>. Acesso em: 30 jan. 2018.

POLÍCIA FEDERAL. **Operação Lava Jato.** 2016. Disponível em: <http://www.pf.gov.br/agencia/noticias/lava-jato>. Acesso em: 26 jan. 2018.

PONTES, J. O flagelo do crime institucionalizado. **Público**, 02 jun. 2017. Disponível em: <https://www.publico.pt/2017/06/02/mundo/noticia/o-flagelo-do-crime-institucionalizado-1773553>. Acesso em: 30 jan. 2018.

RIBEIRO, M. C. P.; DINIZ, P. D. F. Compliance e Lei Anticorrupção nas Empresas. **Revista de informação legislativa**, v. 52, n. 205, 2015, p. 87-105.

SALIBA, F. et al. L'entreprise brésilienne Odebrecht, multinationale de la corruption. **Le Monde**, 07 fev. 2017. Disponível em: <http://www.lemonde.fr/economie/article/2017/02/07/odebrecht-multinationale-de-la-corruption_5075773_3234.html>. Acesso em: 30 jan. 2018.

SINDUSCON-SP. **Opinião:** BIM – transparência contra a corrupção. 17 out. 2016. Disponível em: <http://www.sindusconsp.com.br/opiniao-bim-transparencia-contra-a-corrupcao/>. Acesso em: 31 ago. 2017.

TRANSPARENCY INTERNATIONAL. **Brazil's Carwash Task Force wins Transparency International Anti-Corruption Award.** 2016. Disponível em: <http://www.

transparency.org/news/pressrelease/brazils_carwash_task_force_wins_transparency_international_anti_corruption>. Acesso em: 30 jan. 2018.

UNODC. **Convenção das Nações Unidas contra a Corrupção.** Nações Unidas – Escritório contra Drogas e Crime, 2017. Disponível em: <https://www.unodc.org/documents/lpo-brazil//Topics_corruption/Publicacoes/2007_UNCAC_Port.pdf>. Acesso em: 30 jan. 2018.

_____. **Convenção das Nações Unidas contra a Corrupção.** United Nations Office on Drugs and Crime, 2016a. Disponível em: <http://www.unodc.org/lpo-brazil/pt/corrupcao/convencao.html>. Acesso em: 30 jan. 2018.

_____. **Signature and Ratification Status.** United Nations Office on Drugs and Crime, 2016b. Disponível em: <https://www.unodc.org/unodc/en/treaties/CAC/signatories.html>. Acesso em: 30 jan. 2018.

VIEIRA, A. G. Para juiz Moro, cartel da Petrobras se repetiu em outros setores. **Valor Econômico**, 30 jun. 2015. Disponível em: <http://www.valor.com.br/politica/4115610/para-juiz-moro-cartel-da-Petrobras-se-repetiu-em-outros-setores>. Acesso em: 31 jan. 2018.

3. O papel da BIM (*Building Information Modeling*) na gestão dos processos de projeto e obra

João Alberto da Motta Gaspar

3.1. Introdução

Os contratantes de serviços de projetos, ao longo dos últimos anos, têm aumentado suas exigências aos projetistas com relação à adequação de projetos a normas e a requisitos de desempenho e sustentabilidade; mais recentemente, é perceptível o crescimento da demanda para que cada vez mais projetos sejam entregues em "BIM", pois há uma sensação, por parte dos contratantes, de que aquilo que é entregue em "BIM" tem mais qualidade.

Boa parte dos arquitetos, engenheiros e outros profissionais ligados à construção civil já está a par dos benefícios de se trabalhar com sistemas e processos BIM. São frequentes palestras, seminários e debates onde todos (ou quase todos) os participantes saem convencidos de que, sim, é hora de mudar.

Até o momento, porém, são poucos os escritórios que começaram a implementar o BIM em sua rotina de trabalho; e menor ainda é o número de empresas que estão sendo bem-sucedidas na sua implantação.

A dificuldade em aprender novos softwares tem sido apontada como a causa mais comum do fracasso na implementação do BIM. Outras questões relevantes durante o processo de implementação, e que frequentemente estão sendo deixadas de lado, são ligadas ao engajamento e à motivação das equipes, e, ainda, a problemas na comunicação interna das empresas.

Para que um projeto de implementação de BIM, em seu sentido mais amplo e atual, obtenha sucesso, é preciso que projetistas e contratantes trabalhem em conjunto, de modo colaborativo e integrado, para que os requisitos BIM demandados pelos próprios contratantes possam ser cumpridos com eficiência.

Porém, uma boa parte dos agentes do mercado, mesmo nos dias de hoje, ainda acredita que, para receber "BIM", basta trocar o acrônimo "CAD", em um contrato, pelo termo "BIM". Só que essa simples troca de termos, sem mais esclarecimentos a respeito do que é pedido aos projetistas, e sem uma revisão criteriosa e correta do texto dos contratos, pode trazer muito mais prejuízos do que benefícios às partes.

Isso ocorre porque, ao contrário do que parece ser, o termo BIM não é sinônimo de um (ou de outro) software de projeto; BIM também não é apenas outro nome para "maquete eletrônica", ou para uma biblioteca de objetos que são disponibilizados em um site; tampouco é um nome de uma carreira profissional regulamentada, e por aí vai.

Mas, afinal de contas, o que pode ser entendido como BIM e como podemos agir objetivamente para cumprir os requisitos de um contrato que especifica BIM, ainda que de modo genérico? Além disso, como é possível tirar proveito dos processos e sistemas que utilizam BIM como suporte colaborativo e tecnológico, com o objetivo de reduzir retrabalho, custos, melhorar a colaboração entre projeto e produção e assim gerar melhores resultados para a empresa e seus parceiros?

O objetivo deste capítulo é tentar esclarecer, para você, qual o significado atualmente atribuído ao termo BIM, pela academia e pelo mercado, e, por consequência, você vai saber quais conceitos são erroneamente associados ao termo BIM. Também vou apresentar como o BIM pode ser visto pela ótica dos novos processos e políticas de gestão que são essenciais para dar suporte às novas tecnologias. Ao fim, apresento uma sugestão, um pequeno roteiro, de como deve ser o início de um processo de absorção do conhecimento sobre BIM e sua posterior implementação em uma empresa.

3.2. O que é BIM?

No resumo de um artigo escrito por mim e pela professora Regina Ruschel para uma conferência em 2017, a definição de BIM apresentada é a seguinte (tradução nossa):

> "O termo *Building Information Model* surgiu em 1992. Seu significado evoluiu ao longo do tempo; atualmente, o acrônimo BIM é utilizado para quando se quer falar sobre uma tecnologia de modelagem orientada a objetos e um conjunto de processos associados para produzir, comunicar e analisar a construção de modelos. A origem do termo BIM está relacionada a vários outros termos, mais antigos". (GASPAR; RUSCHEL, 2017)

As primeiras pesquisas relacionadas ao uso de sistemas computacionais como ferramentas de auxílio a projetos datam da década de 1960, e o primeiro software comercial especializado em projetos de arquitetura, o ARCHICAD, foi lançado em 1984[5]. Na época, a empresa desenvolvedora do programa denominava sua tecnologia como *Virtual Building*. Entretanto, a popularização do uso de computadores por arquitetos, engenheiros e projetistas acontece apenas na década de 1990, conforme a tecnologia passou a ter um custo mais acessível.

Em 2002, o analista Jerry Laiserin publicou um artigo[6] que tinha como tema principal a proposição da adoção de um termo, pela indústria de software e da construção civil, que auxiliasse o público a entender as diferenças fundamentais entre programas para projetar em 2D (os chamados CAD) e novos programas (para a época), com novas ferramentas, específicas para a modelagem em 3D de objetos arquitetônicos, a partir de onde é possível extrair plantas, vistas, cortes, perspectivas e listas quantitativas de materiais. Lairesin (2011) sugere que as soluções de software que permitam esse método projetual sejam identificadas pelo termo *Building Information Modeling* (BIM), sigla que, até então, era muito utilizada pela Autodesk para promover o software Revit. Esse termo era um entre vários utilizados à época para definir esse tipo de tecnologia.

---

[5] A primeira versão do ARCHICAD tinha o nome Radar CH e funcionava em computadores Apple Lisa (GRAPHISOFT, 2017).

[6] Disponível em: <http://www.laiserin.com/features/issue15/feature01.php>. Acesso em: 06 fev. 2018.

Conforme os anos foram passando e os primeiros escritórios começaram a tentar incorporar os "programas BIM" e seus métodos em suas rotinas de trabalho, foi ficando cada vez mais claro que, para que apareçam os benefícios relacionados à produtividade, constantemente alardeados pelos fabricantes de software e entusiastas, não basta apenas trocar os programas nos computadores e treinar os projetistas a usar as novas ferramentas.

Para que essa alteração seja bem-sucedida, é preciso haver o entendimento, por parte dos tomadores de decisão e de outras lideranças da companhia, de que será necessário rever e atualizar todos os outros processos e políticas da empresa.

A partir de então, começa a haver um consenso, entre acadêmicos e profissionais, de que a simples e isolada instalação e o treinamento de um software não trazem os resultados prometidos pelo BIM, mas que tais ações, aliadas a outras, fazem com que o BIM seja bem-sucedido. Em 2009 o pesquisador, professor e consultor australiano Bilal Succar publica um artigo na revista "Automation in Construction" em que afirma que o termo BIM se refere a:

> um conjunto de políticas, processos e tecnologias que, ao interagirem, geram uma metodologia de gestão do processo de projeto da edificação e de todos os seus dados, em formato digital, por todo o ciclo de vida do edifício (tradução nossa).

É possível perceber, portanto, que em um intervalo de sete anos o termo BIM deixa de ser usado para denominar uma "nova categoria de software" para ganhar um significado muito mais abrangente e relevante. Esta é a definição de BIM (SUCCAR, 2009a) que está sendo adotada neste capítulo.

Se você achou a definição de BIM muito complicada, não se preocupe, isso é absolutamente normal. Aquela sentença é uma ótima definição, mas eu sei que ela vai fazer muito mais sentido conforme você for aprendendo mais sobre BIM.

Esta é, para mim, a melhor definição sobre BIM. Atualmente, qualquer versão sobre o significado de BIM que seja mais simples do que esta pode estar incompleta ou até mesmo errada. Algumas das definições incorretas sobre o significado de BIM estão listadas no próximo tópico.

3.3. O que não é BIM?

O tópico anterior apresentou uma das mais importantes definições do que se acredita ser o significado de BIM para os dias de hoje e fez uma breve retrospectiva a respeito de como o sentido atribuído ao termo BIM foi alterado ao longo do tempo. Como o assunto BIM ainda é muito recente, comparado a outras áreas do conhecimento relacionadas à construção civil, é perfeitamente normal que tenham existido (e que existam ainda) diversos conceitos e significados erroneamente atribuídos ao BIM. Portanto, tão importante quanto definir bem o que é BIM, é essencial apresentar aquilo que não é, de modo que você possa estar mais bem informado.

Existem algumas afirmações incorretas sobre o que é BIM, principalmente fora do meio acadêmico, que são fruto, pura e simplesmente, de desconhecimento sobre o assunto. Outras definições sobre o termo BIM podem estar circulando por aí, em sites, blogs e redes sociais, com a intenção de confundir o consumidor, de modo este seja incentivado a comprar produtos e serviços (como software, equipamentos, cursos, etc.) que até podem ser relacionados a BIM, fazer parte do universo BIM, mas que não são BIM.

A lista apresentada a seguir é um pequeno apanhado de significados erroneamente atribuídos ao termo BIM que, por desconhecimento ou por outra razão qualquer, circulam de modo informal, principalmente na internet. Para fazer a lista, me recordei das experiências com meus alunos e participantes das minhas palestras, e também me baseei na literatura científica e em *posts* de especialistas. Vamos lá:

> ➢ "Fazer BIM" não é o mesmo que fazer uma maquete eletrônica. É certo que fazer BIM, no escopo dos projetistas, tem a ver com modelar em 3D, mas não é só isso. Para "fazer BIM" também é necessário inserir, nos objetos modelados, dados sobre a construção, fabricação, operação e/ou manutenção destes. No caso de uma porta, por exemplo, seria preciso associar a ela informações como o fabricante, modelo da porta, categoria da porta segundo norma da ABNT, quanto custa a porta na loja, quanto custa para instalar a porta, quem vai instalar a porta, etc. (HAMIL, 2011) Se você modela em ARCHICAD, Revit, Vectorworks, SketchUp, AutoCAD, Microstation, etc. e não se preocupa com as informações associadas aos objetos (ou seja, o "I"

do BIM), você está fazendo maquete eletrônica, e não BIM. O que nos leva ao segundo item....
➢ BIM não é software, muito menos é UM software, ou O software, ou TAL software. Para dar conta de todas as especialidades relacionadas ao ciclo de vida de um edifício, existe um número enorme de programas e serviços à disposição de todos nós, no mundo todo. Se você gosta de números, guarde este: são mais de 200 programas e serviços que podem ser usados para trabalhar de modo colaborativo em BIM utilizando o formato IFC para troca de dados, de acordo com a Building Smart, entidade que criou o IFC e cuida de sua especificação (LAAKSO; KIVINIEMI, 2012). Se você ainda não sabe o que é IFC, não se preocupe, eu conto mais à frente.
➢ O que importa é que, diferentemente do mundo em que se trabalhava em CAD, o mundo em BIM é muito mais diverso. Do ponto de vista da tecnologia, são utilizados programas específicos para cada atividade dentro da construção civil, como pode ser visto na Tabela 4. Muitas vezes, para atender a um mesmo ramo de atividade da construção civil, existem vários programas concorrentes. Logo, BIM não é, e não será, sinônimo de apenas um software (MILLER, 2008; PLURALSIGHT, 2013; ARISTIZABAL, 2015).

Tabela 4. Etapas do ciclo de vida de um projeto e obra X alguns dos programas ou plataformas disponíveis.
Fonte: autor.

Etapa do ciclo de vida do projeto e obra	Alguns dos programas e/ou plataformas disponíveis
Estudo de viabilidade	DProfiler.
Concepção e projeto arquitetônico	AECOsim, ARCHICAD, AutoCAD, Revit, Rhino, Vectorworks, SketchUp, entre muitos outros.
Projeto e cálculo estrutural	Autodesk Robot, DDS-CAD Viewer, Tekla Structures, TQS, entre outros.
Projetos de instalações	DDS-CAD MEP, QiBuilder, MagiCAD, Revit MEP, entre outros.
Coordenação e compatibilização de projetos	Navisworks, Solibri Model Viewer, Tekla BIMsight, Synchro 4D, entre outros.
Planejamento 4D	4D Virtual Builder, Navisworks, Synchro 4D, VICO, entre outros.
Orçamento 5D	PriMus-IFC, VICO, entre outros.
Operação e manutenção	Archibus, DALUX, Ecodomus, entre outros.
Checagem de regras	Solibri Model Checker.
Plataformas colaborativas	A360, BIMplus, BIMsync, Trimble Connect, entre outras.

- BIM não é algo que se aprende da noite para o dia e não é assunto apenas para "o pessoal que usa CAD no escritório". Para se ter sucesso no uso de BIM em uma empresa, todos devem receber treinamento e atualização, partindo dos donos, de preferência. Isso não quer dizer que os donos têm que aprender a usar algum software de projeto. Se você, que está lendo este livro, é um dono de empresa de projetos, incorporadora, construtora, contratante do setor público ou tem alguma posição importante em uma grande companhia, pode ficar aliviado, pois não precisa fazer um curso de um programa de projeto: por outro lado, você tem outras importantes atribuições e vai precisar aprender a trabalhar em BIM de outro jeito. Se a sua empresa está pensando apenas em treinar projetistas e não está se preocupando em mudar o modo como os tomadores de decisão recebem e devolvem as informações geradas pelo BIM, cuidado: você corre um grande risco de falhar na implementação. Além disso, sem conhecimento sobre os processos de trabalho baseados em BIM, as empresas e os profissionais tendem a reutilizar métodos e contratos desenvolvidos para CAD. O que nos leva ao próximo item...
- Apenas escrever "BIM" no lugar de "CAD" em um contrato, uma tomada de preços ou uma licitação não vai resolver os seus problemas, caso você seja o responsável por escrever aquilo tudo. E também não vai resolver o problema de todos os envolvidos em um processo de contratação. Ou seja, para que sejam feitos contratos em que BIM é utilizado de forma consistente, é necessário que os contratantes façam treinamentos sobre o assunto. Como visto no item anterior, não se trata de um treinamento em software de projeto, e sim uma capacitação que dá fundamentação sobre o tema, de preferência com o uso de exercícios simulados em ambiente controlado e com apresentação de estudos de caso (GARCIA, 2011).

3.4. Para que vai servir BIM na minha empresa?

Esta pergunta é excelente e, muitas vezes, as empresas do setor da construção civil começam a querer "implementar BIM" sem nem saber o que querem "tirar desse negócio de BIM", ou seja, querem fazer porque temem ficar de fora de algo apenas por terem ouvido dizer que é algo que promete tirar as empresas da crise, melhorar a produtividade, diminuir retrabalho, etc.

"E daí?", você pode pensar, com toda razão. "Esse BIM serve para minha empresa, que faz projeto de ar-condicionado?", ou "... que faz avaliação de imóveis?", ou "que faz planejamento de obra?", ou, ou, ou...

A resposta é "sim", "sim", "sim", ... só que as coisas não funcionam do modo como normalmente se pensa. BIM não é algo que se compra e se instala, como foi visto anteriormente (item 3.3) e como será explicado adiante (item 3.5). Em todo caso, quando escrevi "sim, sim, sim...", eu quis dizer que "sim, é possível utilizar processos de trabalho baseados na modelagem da informação da construção (ou seja, BIM) para melhorar a performance em qualquer atividade ligada ao setor da construção civil". Por melhoria de performance, entenda-se:

- Diminuição da margem de incerteza em estudos de viabilidade de empreendimentos imobiliários, aumentando a possibilidade de lucro e permitindo uma melhor qualidade da produção arquitetônica com o mesmo custo estimado.
- Melhoria na qualidade dos projetos, com relação ao conforto que pode ser proporcionado por eles aos seus ocupantes.
- Redução de custos e tempo de obra, ao permitir um planejamento mais exato, diminuindo o uso de materiais, energia e outros recursos, com redução de desperdício e contribuindo para evitar acidentes de trabalho nos canteiros, entre outras vantagens.
- Produção e manutenção de um banco de dados extremamente valioso da edificação, ou do ambiente construído, em 3D, onde os objetos virtuais contêm informações relacionados à execução de seus pares no mundo real, com o objetivo de facilitar a gestão e operação da instalação predial. Os dados do edifício *as-built* em 3D estariam conectados bidirecionalmente a plataformas de BMS (*Building Management System*), facilitando o registro de ocorrências que exigem manutenção e reparos (OTI et al., 2016). A visualização de modo espacial de diversas informações do empreendimento oferece ao gestor novos modos de fazer relações entre os dados à sua disposição, o que provavelmente o leva a traçar melhores estratégias para a manutenção do edifício.

3.5. BIM como promotor de alterações nos processos das empresas: a metáfora da festa de casamento

No tópico anterior você também ficou sabendo que é possível utilizar BIM em todos os setores e fases do ciclo de vida da construção, e alguns exemplos de uso foram listados. Também pôde ver anteriormente que escrevi que BIM é algo que não se compra.

"Se não é possível comprar BIM, qual é o jeito?"

Bom, o jeito é aprender os fundamentos de BIM para depois aplicar na sua empresa!

"Ah, entendi, então, tudo bem...", você poderia interromper, para logo completar: "e tem um jeito de você me explicar como isso funciona, mas de um modo mais simples, fazendo, por exemplo, algum paralelo com alguma outra atividade comercial mais familiar? Pois toda vez que alguém vem explicar o que é BIM, começa a falar um monte de termos em inglês, de coisas de computação que eu não entendo... eu faço cara de paisagem e fico concordando com tudo, mas, na verdade, eu só quero que aquilo acabe logo, rapaz!"

É, eu entendo! Hummm, explicar BIM de um modo mais familiar? Será que é possível fazer uma comparação entre o processo de projeto e construção de um edifício e o processo de projeto e realização de uma festa de casamento para explicar como são profundas as alterações provocadas pela "simples mudança CAD > BIM" nos escritórios?

Bom, não custa tentar! Vamos ver se consigo me fazer entender a partir do próximo tópico.

3.5.1. Você já foi a uma festa de casamento? Ou então... você já produziu salgadinhos para uma festa de casamento?

Posso estar enganado, mas acredito que a esmagadora maioria das pessoas em idade adulta e, provavelmente, todos os leitores deste livro já foram a pelo menos uma festa de casamento. Muitos de nós, por certo, já foram a mais de uma. Eu, por exemplo, tive a felicidade de ir a muitas. Quem já teve essa experiência certamente pôde perceber que a organização de uma festa de casamento é uma atividade bastante complexa. É preciso realizar um planejamento cuidadoso com bastante antecedência, identificar todas as partes envolvidas no evento (dos noivos à equipe de limpeza do salão) para entender como se dará a relação entre elas e então desenhar todo o processo. Para que esse processo seja bem-sucedido, pode ser uma boa ideia montar uma Estrutura Analítica do Projeto (EAP). Na Figura 12, temos um exemplo de um trecho de uma EAP de casamento, onde, à esquerda, estão os componentes da parte religiosa e, à direita, alguns dos componentes dos processos que compõem a festa de casamento:

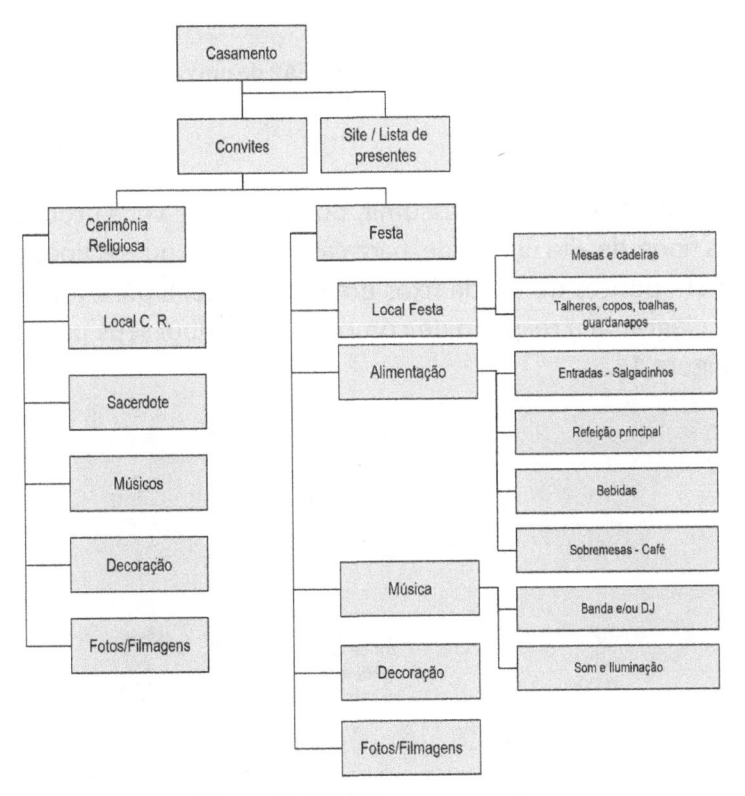

Figura 12. EAP de um casamento.
Fonte: autor.

Dentro da EAP apresentada na Figura 12, suponha que você seja um dos responsáveis pelo fornecimento de alimentação para a festa, mais especificamente salgadinhos, conforme mostrado na Figura 13.

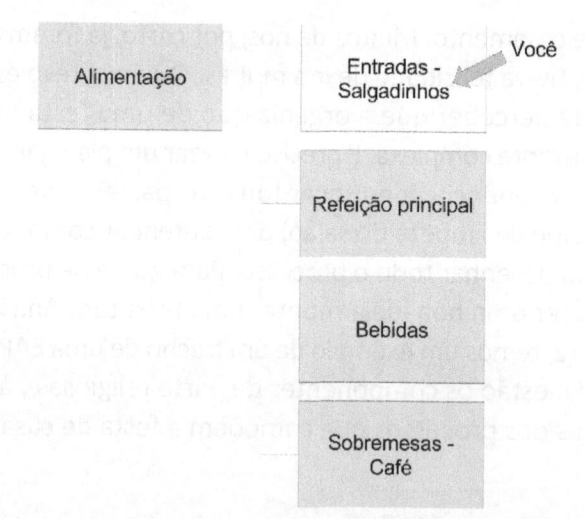

Figura 13. Sua posição dentro da EAP de um casamento.
Fonte: autor.

Dentro desse contexto, vamos assumir, portanto, que você produz e entrega salgadinhos finos, de alta qualidade, para casamentos e outros tipos de eventos, e também em pontos de venda fixos em sua cidade. É possível, então, fazer o seguinte diagrama a respeito de como você distribui seus produtos, como mostra a Figura 14.

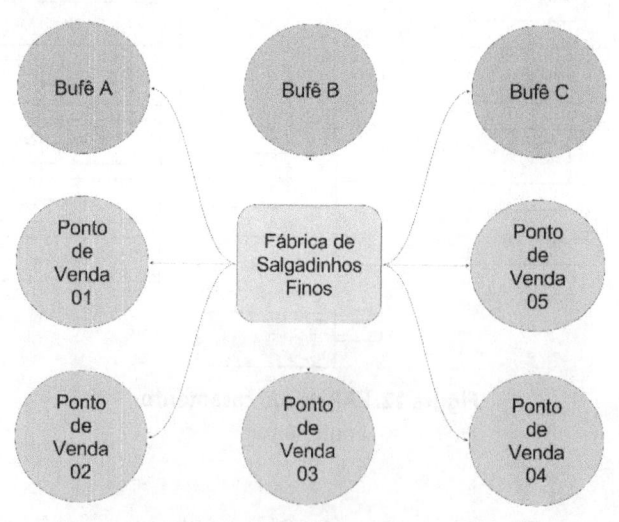

Figura 14. Fábrica de salgadinhos e seus clientes.
Fonte: autor.

Conforme comentado anteriormente, sabemos que os bufês contratados para organizar as festas de casamento utilizam os serviços de diversos fornecedores. Sendo assim, podemos produzir o seguinte esquema, que relaciona alguns dos prestadores de serviços e bufês, para ter uma ideia da complexidade dessas ligações entre parceiros de uma mesma cadeia de suprimentos, o que se observa na Figura 15.

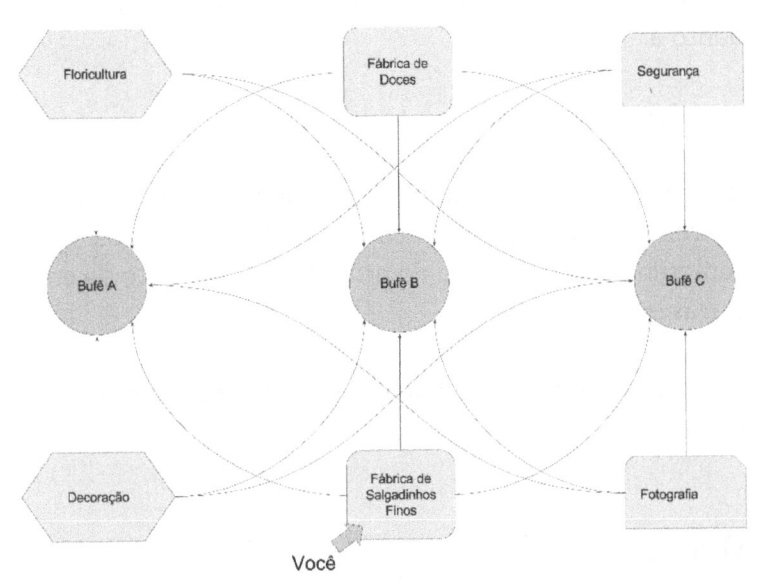

Figura 15. Você na cadeia de suprimentos para bufês.
Fonte: autor.

Com relação à distribuição das encomendas, é muito provável que exista um fluxo de entregas regular, durante os dias úteis, para pontos de venda fixos e que existam picos de entrega às sextas e sábados, como demonstra a Figura 16.

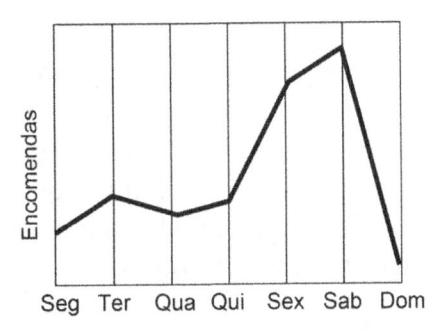

Figura 16. Distribuição hipotética das encomendas em uma semana.
Fonte: autor.

Desse modo, podemos considerar que o dono da fábrica de salgadinhos e suas equipes (de produção e entrega) têm uma missão especialmente complexa, pois trata-se de produzir uma carta diversificada de produtos, em quantidades variadas, durante a semana, todas as semanas, para diferentes clientes, cada um com suas regras para recebimento dos salgadinhos.

Cada cliente (cada bufê e/ou cada ponto de venda) pode ter diferentes exigências quanto a:

> - Horários de entrega.
> - Tamanho padrão das embalagens.
> - Local de estacionamento de motos ou carros de entrega.
> - Diferentes modos de preenchimento de formulários.
> - Conferência da qualidade do produto no momento da entrega, entre outras questões.

"Bom, nenhuma novidade..." é o que você pode estar pensando. Pois é. Mas não é bem assim.

3.5.2. Mudanças à vista

Vamos supor que, em dado momento, você fica sabendo que os bufês e pontos de venda da sua região estão estudando métodos mais eficientes para recebimento de mercadorias, que pretendem diminuir a papelada, reduzir o tempo de espera dos entregadores, automatizando a contagem da quantidade de produtos que estão sendo entregues e uniformizando os protocolos de controle de qualidade dos alimentos.

Dessa forma, seus contratantes afirmam que esperam diminuir o desperdício de alimentos estragados, reduzir a burocracia e os gastos desnecessários com pessoal e diminuir a quantidade de informações desencontradas ou duplicadas sem necessidade. O objetivo seria melhorar a qualidade de sua entrega para seu cliente final, ou seja, os consumidores (no caso dos pontos fixos) e os casais e seus convidados (no caso dos bufês).

"Sim, muito legal. E onde é que eu entro nisso aí?"

Dentro desse novo cenário (e dentro dessa nossa história), você vai perceber que os contratantes estão alterando várias regras para que você entregue seu produto (ou seja, os salgadinhos). A alteração mais visível, por exemplo, pode dizer respeito à embalagem: se antes você podia entregar os salgadinhos utilizando o tipo (ou os tipos) de caixa que achasse mais adequado para cada cliente, e podia fazer a embalagem manualmente, agora os clientes estão exigindo um tipo de caixa maior, que tem proteção térmica, que comporta mais salgadinhos, cuja embalagem só pode ser montada por máquinas e que só pode ser transportada por carros ou caminhões, e não por motos.

"Ai... eu só monto as caixas manualmente e minha equipe de entregas é composta somente por motoboys..."

E agora?

3.5.3. Tomando uma atitude!

Frente às mudanças que estão para acontecer, é certo que você também precisa se mexer para não perder seus clientes. Fazendo uma pesquisa em sites e revistas do seu setor, você percebe que um ou dois concorrentes já estão se ajustando aos novos modos de entrega. Eles dão entrevistas, participam de *workshops* e seminários e, contentes, posam para fotos com suas máquinas automáticas de embalar e sua nova frota de veículos de entrega. Você observa que, nas fotos, não tem ninguém dobrando papelão na mão para montar caixas e não aparece nenhuma moto. Logo, qual parece ser o passo óbvio a ser tomado? Comprar as máquinas de embalar e trocar a frota de motos por caminhões, é claro!

Assim, você passa a frequentar feiras e salões, onde todos os tipos de máquinas de embalar e de veículos de entrega estão expostos para que você possa ver e tocar. As máquinas de embalagem são caras, assim como os caminhões: "mais caros que as motos", você pensa, "mas se os clientes estão exigindo e os concorrentes estão ganhando dinheiro, então está na hora de entrar nessa, nem que seja pra fazer um financiamento!".

E então, de uma hora para outra, em uma bela manhã, aparecem, na porta da empresa, três máquinas automáticas de embalagem e cinco novos caminhões do tipo VUC[7], que vão substituir as cinco motos utilizadas até então. Os embaladores e motoboys, encantados com a novidade, rapidamente se colocam à disposição para aprender a manusear as máquinas e dirigir os VUCs.

Em pouco tempo, as novas máquinas estão totalmente incorporadas ao dia a dia da empresa, as motos são abandonadas, os caminhões estão rodando plenamente e a empresa já está adequada aos novos padrões!!!

Certo?

Bom, se isso que escrevi algum dia acontecer desse jeito, de um modo perfeito, sem nenhum problema ou ocorrência, então espalhe a notícia aos quatro ventos, pois provavelmente estaremos diante de um milagre!

3.5.4. Cenário provável quando se adotam medidas sem planejamento

O cenário mais comum, em um processo de mudança como o apresentado anteriormente, inclui embaladores e motoboys com resistência a aprender a controlar as máquinas e dirigir VUCs, com medo de serem substituídos; só depois de comprados é que se verifica que não há lugar para instalar as máquinas, nem para estacionar os VUCs, muitos menos existe um pátio adequado para carga e descarga. Além disso, só depois de comprar as máquinas é que se percebe que deveria ter sido feito um projeto de readequação da infraestrutura de energia elétrica e de disposição de resíduos. Quanto aos VUCs, percebe-se que eles não entram em qualquer viela que uma moto entra e que não podem circular em qualquer horário. Sem mencionar que, para que um VUC seja rentável, ele deve estar bem carregado, ou seja, é preciso fazer menos viagens, que são mais planejadas, com um roteiro extremamente inteligente e enxuto, ao contrário de um conjunto moto/motoboy, que leva menos carga, mas é bem mais flexível.

---

[7] Sigla para Veículo Urbano de Carga, que identifica um tipo de veículo que tem um porte menor, se comparado a um caminhão comum, mas que é maior que uma picape e que normalmente tem autorização especial para rodar em grandes cidades, mesmo em áreas ou horários em que a circulação de caminhões grandes é proibida (PREFEITURA DO MUNICÍPIO DE SÃO PAULO, 2007).

Depois de um certo tempo, portanto, é razoável admitir a ocorrência de uma ou mais das seguintes hipóteses:

- ➢ As máquinas foram abandonadas ou estão subutilizadas por falta de treinamento, mas ocupam espaço e contribuem para reduzir a capacidade operacional de embalar salgadinhos no método tradicional (exatamente porque ocupam muito espaço "à toa").
- ➢ Foi feito o treinamento para a operação das máquinas, mas os custos associados à sua operação, assim como a estratégia de readequação da infraestrutura elétrica, da questão dos estoques de materiais e de disposição de resíduos não foi levada em conta, o que causa transtornos imprevisíveis e incômodos na planta da fábrica, motivando o desligamento dos equipamentos.
- ➢ Se as embalagens voltaram a ser feitas manualmente, os VUCs podem ter sido vendidos e o sistema de motoboys permaneceu.
- ➢ Os VUCs e as motos são usados de modo simultâneo e desordenado; os VUCs representam um alto custo (ver cenário a seguir), mas o dono da empresa os mantém por uma questão de status, marketing e pela esperança de um dia, enfim, torná-los produtivos. Porém, no fundo, até mesmo ele prefere trabalhar com sua equipe de motoboys.
- ➢ Os VUCs substituíram as motos, mas o processo de mudança se dá aos trancos e barrancos, com alguns motoboys treinados e com motoristas contratados de outras empresas; geralmente os VUCs saem meio vazios e às vezes tomam multa porque os motoristas e carregadores não conhecem as restrições de horários e outras regras de carga e descarga. Algumas vezes a carga é mal embalada e cai do caminhão ou mesmo dentro dele; outras vezes o caminhão tem que fazer desvios porque o caminho é estreito. Em alguns casos, é até mesmo preciso chamar um motoboy para terminar a entrega, em caso de encomendas em locais de difícil acesso.

Como foi possível perceber nos casos apresentados anteriormente, o processo de implementação das máquinas de embalar e de troca de motos por VUCs, sendo bem-sucedido ou não, exigiu um investimento inicial muito alto; o retorno, por outro lado, ou foi inexistente ou ainda não deu provas de que será efetivo em um prazo razoável.

"Hum... o que você quer dizer, então? Quer dizer que era melhor nem ter tentado? Melhor não ter nem pensado nas máquinas e VUCs? Mas e aquela história toda de que o mercado vai usar as caixas padronizadas e VUCs e tal e coisa? Era só uma marolinha? Ou meu negócio vai naufragar?"

Calma.

Convido você a refletir sobre algumas questões.

> Com relação às mudanças no processo logístico de entrega dos salgadinhos, a primeira coisa a se fazer seria realmente sair gastando dinheiro para comprar máquinas e caminhões VUC?
> Não seria melhor, talvez, que a liderança, ou as lideranças, da empresa se preparassem para a mudança fazendo um treinamento sobre logística e automação, por exemplo?
> Ou, na verdade, a culpa pelo fracasso ou atraso na implementação seja dos embaladores e motoboys, que são muito resistentes e não aprendem direito? Quem sabe, o problema seja do mercado, que fica pedindo esses VUCs, essas caixas padronizadas... ou então, talvez, a culpa seja da cidade, com essas regras, essas restrições, essas ruas apertadas...

É provável que, a essa altura, você já esteja convencido de que o problema, em si, não é o uso das máquinas de embalagens, nem da troca de motos por VUCs, e, sim, a mudança no processo logístico de entrega como um todo.

Sendo assim, pode ser que o principal responsável pelo sucesso ou fracasso da implementação seja aquele que tem o poder efetivo de tomar as decisões estratégicas da empresa. Por inocência, desconhecimento ou até mesmo desinteresse ou preconceito pelo assunto logística, é possível que o dono da empresa de salgadinhos tenha preferido aceitar a conversa de um vendedor de máquinas de embalagem e/ou de caminhões a fazer um treinamento e um planejamento para efetuar a transição com o menor impacto e a maior performance possível, dentro de suas possibilidades e de uma estratégia bem planejada.

"Sei, sei... tá, tá certo, a culpa é do dono, já entendi. Demorou várias páginas para explicar isso, hein... mas e a BIM?? Onde a BIM entra nessa? O que é que a BIM tem a ver com isso????"

3.5.5. O que essa história de salgadinho, casamento, blá, blá, blá, tem a ver com BIM?

Pois é!?!...

Parafraseando uma famosa apresentadora de um programa de culinária, eu digo: e se você fosse reler toda a história do casamento trocando, na Tabela 5, os termos da primeira coluna pelos da segunda coluna?

Tabela 5. Termos da história do casamento X termos relativos à BIM.
Fonte: autor.

Termos da história original	Termos relacionados à BIM
Moto	Sistema de gestão de arquivos de projeto em CAD
Motoboy	Coordenador de projetos em CAD
Caminhão VUC	Sistema de gestão de modelos de projeto em BIM
Motorista de caminhão	Coordenador de projetos em BIM
Embalador manual	Cadista
Embalador com conhecimento da operação da máquina	Projetista com conhecimento em BIM
Salgadinhos	Projetos
Entrega de salgadinhos	Entrega de projetos
Fábrica de salgadinhos	Escritório de projetos
Empresa de bufê de casamento	Construtora
Empresa de assessoria de casamentos (cerimônia e festa)	Incorporadora
Festa de casamento	Edifício construído
Casamento	Edifício em plena vida útil
Noivos	Cliente final
Novo processo logístico de entregas de mercadorias baseado em automatização de embalagens e em sistemas de transporte mais modernos	Novo processo de trabalho para o mercado da construção civil fundamentado na Modelagem da Informação da Construção (BIM)

Faz sentido?

Se faz sentido para você, então provavelmente concordamos que a implementação de BIM em uma empresa está intimamente ligada a uma mudança de cultura, de processos, que deve ser encabeçada pelos líderes... hum... espera um pouco... essa conversa está muito parecida com aquelas histórias de implementação de sistemas de ERP...

3.5.6. Para ter sucesso na implementação, é preciso mudar os processos. Eu ouvi "ERP"?

Se você está lendo isso tudo e participou de um ou mais processos de implementação de plataformas de ERP (*Enterprise Resource Planning*) em uma ou mais empresas em que trabalhou, está encontrando alguma semelhança entre as dificuldades de implementar BIM e as dificuldades que deve ter enfrentado com a implementação de ERP, certo? Certo. Assim como nessas implementações, a mudança principal é a cultural, é assimilar novos processos, onde os programas são peças que fazem parte da estrutura tecnológica, assim como os computadores e a rede. Dessa forma, é possível compreender que os programas, os computadores, a rede, ou seja, toda a tecnologia disponível, sozinha, não funciona se a empresa e seus líderes não se apropriarem do conceito de BIM (assim como acontece com o ERP) para tornarem seus negócios mais eficientes, seus produtos mais competitivos e atraentes e, por que não, seu ambiente de trabalho mais amigável e criativo.

No próximo tópico, você vai conhecer quais são as principais peças, do ponto de vista tecnológico, que dão sustentação a um processo de implementação em BIM. Por fim, a discussão é sobre como pode ser o início do trabalho com a BIM em uma empresa, seja ela de qualquer ramo da construção civil, quais os desafios a ser enfrentados e quais resultados devem ser esperados na primeira de várias rodadas de implementação de BIM. Sim, serão várias rodadas, ou seja, etapas que podem ser planejadas, executadas, verificadas e ajustadas. E... não, não se sabe ao certo até quando vai a implementação. Até porque estamos falando de uma mudança que altera, inclusive e principalmente, a cultura da empresa. Então não temos tempo a perder e, provavelmente, não temos prazo para terminar.

3.6. Tecnologia: conheça as peças que fazem um motor BIM funcionar

O propósito do tópico anterior foi demonstrar, a partir de uma metáfora sobre uma fábrica que fornece salgadinhos a festas de casamentos, como é possível entender o que é BIM e os desafios para a sua implementação de um ponto de vista sistêmico ou, se preferir, macroscópico. Foram apontados alguns dos principais personagens que fazem um processo de trabalho baseado em BIM avançar e o papel de cada um, sempre, claro, utilizando as analogias com o processo de logística, para facilitar a compreensão.

Bom, agora que temos a visão macro, como podemos melhorar nosso entendimento sobre BIM? Em meu modo de ver, está na hora de apresentar a você as peças que fazem o motor de um processo BIM funcionar. Elas estão apresentadas na Figura 17 e serão explicadas em mais detalhes logo a seguir. São elas: computador (ou servidor local), software (ou programa), objetos, arquivos proprietários, arquivos para coordenação e colaboração (proprietários ou em formato IFC[8]), arquivos de documentação (PDF) e plataforma colaborativa (ou ambiente colaborativo).

Ah, e antes de mais nada... sim, eu sei que você provavelmente sabe o que é um computador, um software, um arquivo na extensão PDF... porém, para que tudo fique bem claro, e para que as definições sobre esses termos fiquem explicadas dentro do contexto de BIM, peço a sua atenção para ler com cuidado as explicações a seguir:

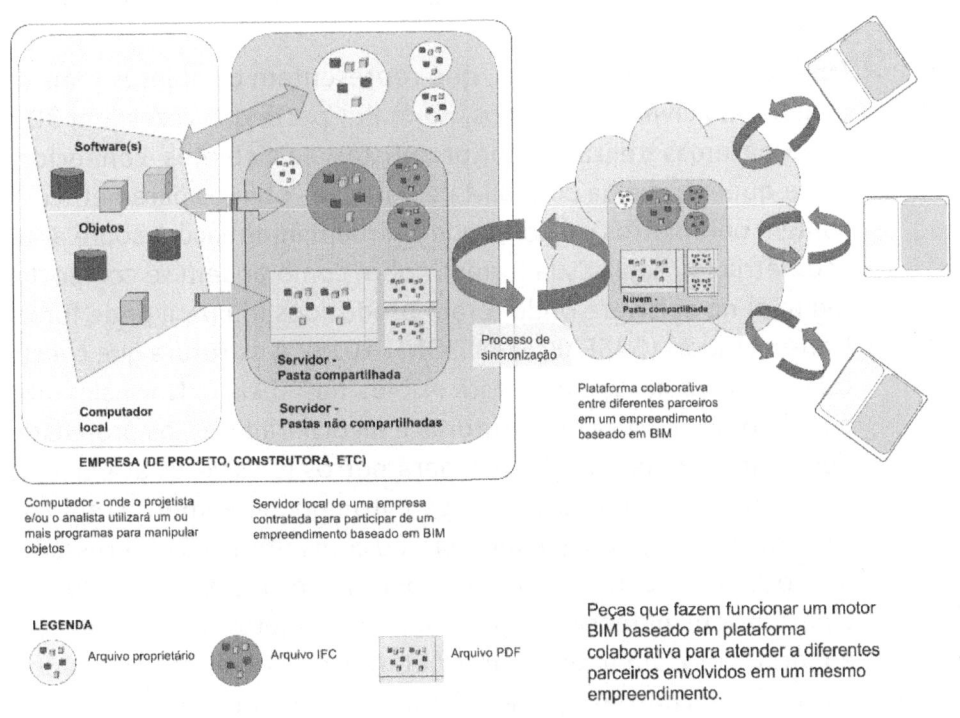

Figura 17. As peças de um motor BIM.
Fonte: autor.

---

[8] Sigla para *Industry Foundation Classes*, termo em inglês que denomina um formato de arquivo e um esquema de dados, criado para padronizar a troca de dados entre programas utilizados por profissionais da construção civil (BUILDING SMART, 2017).

> **Computador (ou servidor local):** para armazenar seus arquivos, você pode usar (1) um computador comum (seu próprio computador, *desktop* ou *notebook*) ou (2) um computador comum como se fosse um servidor de arquivos ou, ainda, (3) um equipamento dedicado a servir arquivos, chamado NAS (*Network-Attached Storage*). Cada opção tem seus prós e contras com relação a custos, desempenho e segurança da informação. Em todo o caso, é importante lembrar que, para trabalhar com qualquer software, apenas a solução (1), que é a mais comum, é a adequada.

> **Software (ou programa):** é o ambiente computacional onde o projetista e/ou analista irá trabalhar com os objetos digitais que representam os objetos reais da construção civil. Existem programas para a elaboração de projetos de arquitetura, de estrutura, de instalações; e para análise de conflitos de geometria, planejamento de obras, orçamentos, manutenção predial, entre outros, conforme Tabela 4 do tópico 3.3.

> **Objetos:** os objetos digitais, que representam os objetos reais da construção civil, são gerados, na maior parte das vezes, em 3D e em programas utilizados por projetistas. Tais objetos, conhecidos entre quem trabalha com BIM pelo jargão "objetos paramétricos", contêm parâmetros e valores que guardam informações sobre a sua geometria (ou seja, a sua forma), sobre como podem se comportar (ou não) no software onde foram produzidos (ou para onde foram transportados) (GASPAR; MANZIONE, 2015). A estrutura que constitui um objeto paramétrico está exibida na Tabela 6. Normalmente, a pedido de clientes, construtoras e incorporadoras, os projetistas devem incluir, nesses objetos, parâmetros (e às vezes até mesmo alguns dados) que não dizem respeito nem à geometria, nem ao comportamento, mas que têm relação com informações necessárias para o planejamento da obra, seu controle orçamentário, fiscalização e posterior manutenção e operação. Esses objetos são armazenados em arquivos chamados de proprietários e podem ser exportados, para fins de coordenação e colaboração com outros parceiros de projeto e obra, no formato IFC.

Tabela 6. Funções, parâmetros e valores que podem constituir um objeto paramétrico.
Fonte: autor.

Função	Parâmetros-exemplo	Valores-exemplo
Geometria	Largura	0,80 m, 0,90 m, 1,00 m, etc.
	Altura	2,00 m, 2,10 m, etc.
	Espessura da folha	0,03 m, 0,05 m, etc.
Comportamento/relacionamento entre este objeto e ele mesmo ou entre este objeto e outros objetos, do ponto de vista geométrico.	Quando o usuário aproxima a porta da parede, ela é automaticamente inserida, abrindo um vão na parede. Quando o usuário apaga a porta da parede, esta tem o vão eliminado, restaurando a parede.	Sim, não*
	Ao clicar na folha da porta, automaticamente ela faz um movimento animado de abertura em um determinado ângulo.	15 graus, 30 graus, 60 graus, 90 graus, etc.**
Informações não geométricas, mas que produzem relacionamento com outros sistemas computacionais que não os do projetista-criador do objeto.	Custo	R$ 100,00, R$ 500,00, R$ 1.000,00
	Fabricante	Fábrica A, Fábrica B, Fábrica C
	Modelo	Modelo 1, Modelo 2, Modelo 3
	Norma ABNT 15965 – Tabela 3R	3R 09 18 14 (portas montadas metálicas), 3R 09 18 24 (portas montadas de madeira), etc.

* A permissão dada ao usuário para que ele controle esse comportamento varia de acordo com o software: por exemplo, o ARCHICAD e o Revit não permitem que o usuário escolha quando/se cada porta deve entrar em uma parede; a opção padrão é Sim. O Vectorworks e Bentley AECOsim permitem a escolha. O SketchUp Pro não permite que uma porta entre automaticamente em uma parede.

** Este é um exemplo de comportamento típico de programas de animação. Entre os programas de projeto, o SketchUp Pro é um dos que permite esse tipo de comportamento.

> **Arquivos proprietários:** o projetista e/ou analista, logo depois de manipular os objetos em um programa (qualquer que seja), precisa salvar o seu trabalho. Esse trabalho é salvo em um tipo de arquivo chamado proprietário. Os dados salvos em um arquivo proprietário (geometria, comportamentos e dados não geométricos) só podem ser lidos corretamente no mesmo programa (e quase sempre na mesma versão) em que este foi criado. Quando se trata de trocar dados entre programas diferentes, existem várias opções. A opção comentada neste capítulo é o formato IFC.

> **Arquivos para a coordenação e colaboração/documentação em BIM (IFC):** o esquema de dados IFC (*Industry Foundation Classes*, em inglês, ou classes que dão fundamento à indústria, na tradução livre

deste autor) é o formato de arquivo padrão, criado e desenvolvido pelas indústrias de software e da construção civil, para a troca de informações entre os diferentes parceiros envolvidos no projeto, na construção e na operação de um edifício. As diretrizes e especificações do IFC são determinadas por uma organização chamada Building Smart (<https://www.buildingsmart.org/>) e publicadas como norma, a ISO 16739:2013 (ISO, 2013). Do ponto de vista técnico, o esquema de dados IFC tem, por norma, o objetivo de proporcionar, aos programadores, recursos para que estes façam a correta tradução das características geométricas e não geométricas de objetos (e não os seus comportamentos) de um software proprietário para o IFC. Do ponto de vista do projetista ou analista, o trabalho realizado em um programa (e que normalmente é salvo em um arquivo proprietário) deve ser exportado para um arquivo .IFC para que tais informações sejam usadas em outro software, por você mesmo ou por outro colaborador (veja alguns desses programas na Tabela 4, tópico 3.3). Do ponto de vista computacional, é importante ressaltar que um arquivo .IFC tem todas as suas informações armazenadas em formato texto (escritas em linguagem EXPRESS-G ou XML), o que facilita enormemente o uso desses dados também nos sistemas de ERP (BABIC et al., 2010). Mesmo que você, projetista, construtor ou incorporador que está lendo este capítulo, não tenha entendido nada do que escrevi nesta parte, saiba que escrevi isso para que você copie e cole essa informação para sua equipe de TI, para que tenha uma indicação de como deve ser o início de uma integração automatizada entre ERP e BIM. Eles vão saber o que fazer.

➢ **Arquivos de desenho/documentação em 2D (PDF):** o esquema de dados em PDF (*Portable Document Format*, ou formato de documento portátil, na tradução livre do autor) deve ser o utilizado pelos projetistas e analistas sempre que quiserem produzir documentos em 2D que registrem o seu trabalho. O formato PDF foi desenvolvido pela empresa de software Adobe, na década de 1990, e depois suas especificações passaram a constituir duas normas, a ISO 32000-1:2008 e a ISO 32000-2:2017 (ISO, 2008).

➢ **Plataforma colaborativa (ou *common data environment*, ambiente comum de dados):** os arquivos de projeto e obra que representam edificações em 3D, com toda aquela quantidade de objetos e informações, são normalmente muito maiores (ou, se preferir, muito mais "pesados") do que os utilizados tradicionalmente pelo setor da construção civil, que são arquivos de desenho 2D entregues, na maior parte das vezes, nos formatos .dwg[9] e .pdf. A mudança no tamanho médio dos arquivos de trabalho, aliada a um natural aumento do processo colaborativo entre as partes, o que se traduz em uma maior quantidade de trocas de arquivos em um mesmo intervalo de tempo, faz com que, na maior parte das vezes, toda a estrutura de TI da empresa tenha que ser revista. Essa revisão se faz necessária para que empresa passe a contar com uma TI capaz de suportar um ambiente colaborativo de troca de informações entre parceiros de projeto (dentro e fora da empresa) em tempo real (ou quase real), com alguns e/ou todos os dados armazenados em servidores remotos (em nuvem) e outros dados armazenados localmente, dependendo do que for estratégico para a empresa, dentro de seu Plano de Execução BIM (ver tópico 3.8) (SALUJA, 2009).

É importante frisar, e por isso vou repetir, que não há implementação bem-sucedida em BIM sem uma estrutura robusta de TI na empresa. Os equipamentos e programas que compõem qualquer sistema de TI são as ferramentas digitais de projeto que temos à disposição e temos que trabalhar com elas. Quando os projetos eram criados com ferramentas analógicas (lapiseiras, canetas-nanquim, papéis de diferentes tipos, esquadros, compassos, aranhas, réguas T, etc.), estudantes e profissionais eram treinados a cuidar bem de suas ferramentas, entender como funcionavam, fazer a sua manutenção. Eram responsáveis pelo bom funcionamento delas. Por algum motivo, os profissionais de projeto e obra, na maior parte das vezes, não demonstram o mesmo interesse e cuidado com as ferramentas digitais; esta pode ser mais uma das barreiras culturais a serem vencidas para uma efetiva implementação de BIM nas empresas.

---

[9] O formato de arquivo .dwg foi criado pela empresa Autodesk e é o padrão utilizado pelo software AutoCAD para guardar informações de projeto (AUTODESK, 2017).

3.7. Gestão das políticas de implementação

Nos tópicos anteriores você ficou sabendo como é importante entender que a implementação de BIM em uma empresa começa pelo entendimento de que será preciso rever todos os seus processos (tópico 3.5), de modo que estes estejam aptos a receber as novas tecnologias (tópico 3.6). "Até aí", você pode pensar, "tudo certo, mas é só isso, é só sair fazendo as coisas?"

Não, não é.

Toda mudança em uma cultura organizacional, seja ela motivada para "receber BIM" ou por qualquer outra razão, precisa ter lastro em documentos, regulamentos e normas de empresa, que precisam ser reavaliados e reescritos de acordo com as mudanças que virão. Do mesmo modo, será preciso analisar todos os modelos de contrato de sua empresa, desde os que regem os acordos com seus clientes, passando por seus parceiros de mesmo nível, até os seus subcontratados (EMMITT, 2016). Tudo terá que ser revisto para que estejam em conformidade com os processos de medição e conferência de entrega de etapas de projeto em BIM, que são muito diferentes das etapas de entrega consideradas tradicionais pelo mercado.

Para entender qual o impacto da adoção das novas tecnologias nos processos da empresa, na relação da empresa com seus parceiros e como tudo isso pode (e deve) ser materializado, ou seja, registrado, documentado, em manuais, normas e contratos, acredito ser de fundamental importância que os líderes da empresa, e seus colaboradores diretos, sejam os primeiros a tomar conhecimento, de modo mais consistente, a respeito do que seja BIM a partir de um treinamento bem qualificado antes de decidir contratar qualquer serviço, produto ou assessoria ligada ao tema BIM, sob risco de estar fazendo o investimento errado na hora errada. Comento mais sobre o assunto no tópico a seguir.

3.8. Por onde começar?

Para saber por onde começar, o ideal é fazer um diagnóstico a respeito de como sua empresa está preparada para receber os novos métodos de trabalho baseados em BIM. Será preciso fazer uma leitura de como são os processos e políticas da empresa com relação às tecnologias da informação aplicadas à gestão de projetos e/ou obras (dependendo do seu escopo). Esse diagnóstico pode ser feito por um especialista em BIM; porém, recomendo fortemente que os tomadores de decisão da empresa façam algum treinamento sobre fundamentação em BIM, onde os temas apresentados neste capítulo podem abordados com mais profundidade e debatidos vivamente, para que, depois, um especialista seja chamado (caso a equipe ainda não se sinta à vontade para elaborar o próprio diagnóstico).

Existem vários métodos, propostos por vários consultores em todo o mundo, para conduzir um levantamento e realizar um diagnóstico como o proposto anteriormente; entre eles, cito como exemplo (de forma muito resumida) o trabalho do consultor Bilal Succar (<http://www.changeagents.com.au/>). O especialista australiano, ao fazer uma consultoria em determinada empresa, investiga SE e COMO está preparada para receber BIM. Para tanto, ele visita a companhia, verifica equipamentos e condições de trabalho, entrevista sócios e colaboradores e coleta informações a partir de arquivos e relatórios da empresa. Depois disso, Succar monta seu relatório; entre suas várias análises, o consultor apresenta um quadro chamado por ele de *BIM Maturity Matrix* (matriz de maturidade BIM).

Trata-se de um sistema de tabelas que o orienta a avaliar como é o posicionamento atual da empresa com diversos quesitos, classificados em três grandes grupos: tecnologias, processos e políticas. Cada um dos três grupos é subdividido em categorias, e cada uma delas pode receber pontos, em uma escala que vai de "a" até "e" (SUCCAR, 2009b). Uma versão traduzida e adaptada desse sistema está apresentada nas tabelas 7 e 8.

Tabela 7. Matriz para avaliação de empresas sobre sua maturidade em BIM.
Fonte: autor, traduzida e adaptada de Succar (2009b).

Matriz de maturidade em BIM de Succar (traduzido e adaptado de SUCCAR, 2009b)		
Conjuntos de competências BIM	Competências BIM (nível 1 de granularidade)	Objetivo: avaliar qual o status da empresa com relação aos itens a seguir.
Tecnologias	Software	Programas e formatos de arquivos utilizados e como os dados estão sendo estruturados para uso e armazenamento.
	Hardware	Equipamentos: computadores e seus componentes internos (processadores, memórias, placas de vídeo, etc.), monitores, servidores, entre outros.
	Rede	Cabeamento, *switches*, roteadores, provedores de internet, etc. (com relação a infra) e sistemas de controle de acesso e segurança (com relação a processos).
Processos	Infraestrutura	Questões relacionadas ao espaço físico da empresa e, também, à capacidade da empresa em reter conhecimento sobre BIM.
	Produtos e serviços	Produtos, relacionados a BIM, que entrega a seus clientes, e como o *feedback* destes a respeito da entrega estimula a pesquisa e o desenvolvimento.
	Recursos humanos	Competências, atribuições, experiência e dinamismo dos agentes envolvidos nos processos relacionados a BIM.
	Lideranças	Sua capacidade de inovar e se renovar; quais são seus valores estratégicos, de comunicação e gestão e como é sua estrutura organizacional.
Políticas	Regulatórias	Guias, manuais e protocolos relacionados a BIM; aplicação de sistemas de classificação, métricas de desempenho e normas, nos produtos entregues e nos processos praticados.
	Contratuais	Como a BIM está sendo abordada nos contratos em que a empresa está envolvida; avaliação dos riscos, das responsabilidades e dos prêmios a serem considerados a partir da visão legal.
	Preparatórias	Preparação da equipe (dos donos até o estagiário mais novo): programas de treinamento a serem contratados, uso de livros, vídeos, etc.; práticas de retenção do conhecimento na empresa.

Tabela 8. Matriz para avaliação de empresas sobre sua maturidade em BIM.
Fonte: autor, traduzida e adaptada de Succar (2009b).

Exemplo de aplicação de MMB de Succar (traduzido, interpretado e adaptado de SUCCAR, 2009b)							
Conjuntos de competências BIM	Competências BIM (nível 1 de granularidade)	nota a: cumpriu com requisitos iniciais de avaliação	nota b: apta a fazer a gestão de informação a respeito do critério avaliado	nota c: apta a fazer a gestão da qualidade, dentro da competência avaliada	nota d: apta a fazer gestão de performance (desempenho) da competência avaliada	nota e: apta a rever e melhorar suas estratégias organizacionais sobre a competência avaliada
Tecnologias	Software			100	200	
	Hardware		50			
	Rede		40			
Processos	Infraestrutura		100	30		
	Produtos e serviços		30			
	Recursos humanos		50	60		
	Lideranças	20	50			
Políticas	Regulatórias	30	100			
	Contratuais		30			
	Preparatórias			50		

Legenda:		objetivo alcançado
	50	objetivo não alcançado; valor estimado para alcançar (números apenas para ilustrar o método)
		objetivo não alcançado e de custo não estimado

Dessa forma, Succar obtém uma avaliação, por categoria, por cada grande área, da situação atual da empresa com relação à sua capacidade de adotar BIM. Essa matriz também serve para explicar, de modo claro e didático, aos tomadores de decisão, quais são os próximos passos (para cada categoria e/ou grande área); assim, torna-se possível dimensionar escopo, custo e prazo para cada uma delas, favorecendo a implantação das boas práticas de gerenciamento de projetos descritas neste livro[10]. Sendo assim, será possível estabelecer prioridades na implementação, acordo com as expectativas dos sócios e/ou dos colaboradores, de acordo com os recursos financeiros da empresa, entre outros critérios. A Figura 18 pode ajudá-lo a ter uma visão resumida e estruturada desses passos.

---

[10] Saiba mais sobre este tema lendo o Capítulo 1 deste livro, "Gestão de Projetos na Construção", de Tânia R. Belmiro.

A empresa pode decidir, por exemplo, que primeiro é necessário revisar os textos dos contratos com empreiteiros, para depois trocar computadores, ou o contrário, a partir do diagnóstico e da observação da matriz. O desenvolvimento de um plano de ação com metas objetivas e factíveis, a partir de um processo colaborativo, com a presença daqueles que comandam a empresa junto a seus colaboradores, onde todos estão aprendendo sobre BIM e chegando juntos a um consenso sobre o que deve ser feito e em que sequência, aumenta em muito as chances de sucesso da implementação. Depois que esse plano de ação, chamado por alguns especialistas de Plano de Execução BIM (*BIM Execution Plan*, BEP), está delineado com o apoio de toda a equipe (assim espero!), está na hora colocá-lo em prática contratando treinamentos, comprando equipamentos e programas, fazendo ajustes administrativos e o que mais tiver sido designado na etapa de diagnóstico.

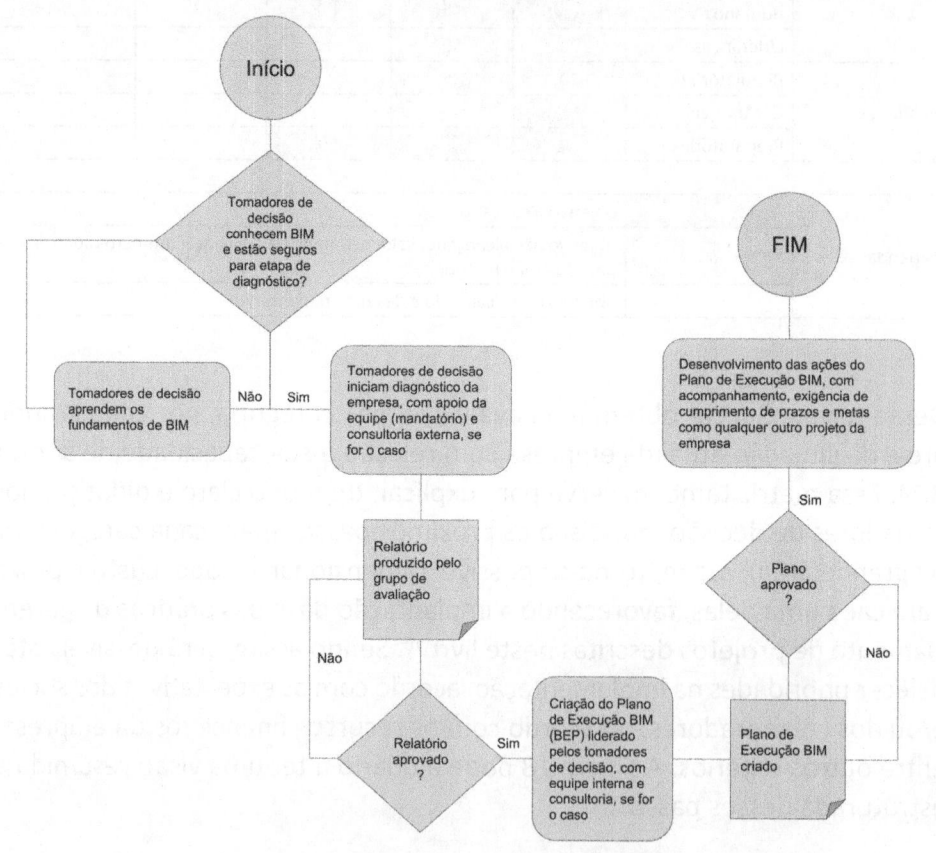

Figura 18. Processo do início da implantação de BIM por uma equipe.
Fonte: autor.

3.9. Conclusão

Nunca se falou tanto de BIM, na construção, como nos últimos anos. Projetistas, construtores, incorporadores, investidores, entre outros agentes do setor, têm sido constantemente bombardeados com notícias a respeito de como o BIM e as novas tecnologias vão mudar a cara da construção civil no Brasil e no mundo[11]. Existe pouca informação qualificada sobre o tema e excesso de exposição à propaganda relacionada a BIM por agentes comerciais (que estão cuidando, legitimamente, de seus interesses); tudo isso, aliado à falta de conhecimento prévio do assunto por boa parte dos profissionais do setor, causa um misto de admiração, espanto e temor a respeito das "mudanças que a BIM pode trazer".

Portanto, o objetivo deste capítulo foi tentar trazer mais informações sobre o assunto: o significado atualmente atribuído ao termo BIM foi explicitado e utilizado como referência em todo o capítulo. A partir da definição de BIM por Succar, foi possível descrever o que não é BIM (tópico 3.3), quais são os usos de BIM (tópico 3.4), por que a adoção de BIM altera os processos de uma empresa (tópico 3.5), como a base tecnológica de uma empresa deve funcionar para trabalhar em BIM (tópico 3.6), como as políticas de gestão do conhecimento e de relações comerciais de empresa devem ser alteradas com a chegada de BIM (tópico 3.7) e, finalmente, recomendações sobre os primeiros passos a serem dados para se implementar BIM em uma empresa (tópico 3.8).

É claro que o panorama apresentado neste capítulo é, na verdade, uma pequena introdução sobre um assunto extremamente extenso, complexo e de fundamental importância para todo o setor da construção civil. As empresas que se ajustarem para os processos de trabalho baseados em BIM estarão aptas a continuar trabalhando e a competir em um mercado que, em pouco tempo, vai começar a exigir demandas diferentes das requisitadas até então, sobretudo dos projetistas.

---

[11] Conheça diversas iniciativas de implementação de BIM bastante avançadas: Harun et al. (2016) apresenta um resumo interessante sobre várias nações. Algumas nações receberam estudos detalhados que merecem destaque: Austrália (SHIH; SHER, 2014), Cingapura e Japão (KANETA et al., 2016) e Coreia do Sul (YOO et al., 2015).

É importante ressaltar que, independentemente do desejo da adoção de BIM pelas empresas brasileiras de projeto e obra, continuará existindo demanda para projeto e construção de novas edificações (assim como reforma, manutenção, etc.). Empresas ligadas à construção civil mais aptas a cumprir requisitos de seus clientes e dos órgãos governamentais serão aquelas que terão os processos BIM incorporados às suas práticas, sejam elas brasileiras ou estrangeiras.

O que se põe à mesa, portanto, não é uma questão de escolha; não será possível escolher não trabalhar em BIM (pelo menos no setor da construção ligado a projetos e obras de mais alto nível). Os trabalhos serão desenvolvidos em BIM e cabe a nós, profissionais de projeto e obra apaixonados pela construção civil, e que já passamos por tantos desafios, encarar mais este, para que o trabalho criativo e eficiente dos escritórios de projeto e das construtoras brasileiras possa ser levado adiante, mantendo sua relevância e influência tanto dentro como fora do nosso país.

Bibliografia

ARISTIZABAL, E. #BIMisNOTrevit. **The BIM hub**, June 15, 2015. Disponível em: <https://thebimhub.com/2015/06/15/bimisnotrevit/#.WjvjAN-nGUI>. Acesso em: 31 jan. 2018.

AUTODESK. DWG VIEWERS. Disponível em: <https://www.autodesk.com/products/dwg>. Acesso em: 31 jan. 2018.

BABIČ, N. Č.; PODBREZNIK, P.; REBOLJ, D. Integrating resource production and construction using BIM. **Automation in Construction**, v. 19, n. 5, 2010, p. 539-543. ISSN 0926-5805.

BUILDING SMART. **Frequently Asked Questions (FAQs) to the International User Group.** Disponível em: <https://www.buildingsmart.org/users/international-user-group-faqs/>. Acesso em: 31 jan. 2018.

EMMITT, S. BIM and the Future of Design Management. *In*: EYNON, J. (org.). **Construction Manager's BIM Handbook**, Hoboken: John Wiley & Sons, 2016, p. 123-126.

GARCIA, E. Top 10 List of "What BIM is NOT...". **Computer-Aided Design**, May 25, 2011. Disponível em: <https://caddguru.wordpress.com/2011/05/25/top-10-list-of-what-bim-is-not/>. Acesso em: 31 jan. 2018.

GASPAR, J. A. D. M.; MANZIONE, L. Proposição de um método para medir a capacidade de produção de um objeto paramétrico por um software BIM. **TIC 2015. ANTAC**. Recife, 2015, p. 576-588.

GASPAR, J. A. D. M.; RUSCHEL, R. C. A evolução do significado atribuído ao acrônimo BIM: uma perspectiva no tempo. **XIX SIGraDI**, Concepción, CL, 2017. 8p.

GRAPHISOFT et al. ARCHICAD versions. **Help Center**, July 06, 2017. Disponível em: <https://helpcenter.graphisoft.com/technotes/archicad-versions/>. Acesso em: 31 jan. 2018.

HAMIL, S. Isn't BIM just 3D CAD?. **NBS**, Aug. 01, 2011. Disponível em: <https://www.thenbs.com/knowledge/isnt-bim-just-3d-cad>. Acesso em: 31 jan. 2018.

INTERNATIONAL ORGANIZATION FOR STANDARDIZATION. Document management – Portable document format – Part 1: PDF 1.7. ISO 32000-1. Geneva, Switzerland, 2008. 747 p.

INTERNATIONAL ORGANIZATION FOR STANDARDIZATION. Document management – Portable document format – Part 2: PDF 2.0. ISO 32000-2. Geneva, Switzerland, 2017. 971 p.

INTERNATIONAL ORGANIZATION FOR STANDARDIZATION. Industry Foundation Classes (IFC) for data sharing in the construction and facility management industries. ISO 16739. Geneva, Switzerland, 2013. 23 p.

KANETA, T. et al. Overview of BIM Implementation in Singapore and Japan. **Journal of Civil Engineering and Architecture**, n. 10, 2016, p. 1305-1312. Disponível em: <https://www.davidpublisher.org/Public/uploads/Contribute/588809f90b1b8.pdf>. Acesso em: 31 jan. 2018.

LAAKSO, M.; KIVINIEMI, A. The IFC standard: A review of history, development, and standardization, information technology. **ITcon**, v. 17, n. 9, 2012, p. 134-161. ISSN 1874-4753.

LAISERIN, J. Comparing Pommes and Naranjas. **The Laiserin Letter**, n. 15, Dec. 16, 2002. Disponível em: <http://www.laiserin.com/features/issue15/feature01.php>. Acesso em: 31 jan. 2018.

MILLER, M. Is Revit BIM??? **Revittize**, Mar. 28, 2008. Disponível em: <http://revittize.blogspot.com.br/2008/03/is-revit-bim.html>. Acesso em: 31 jan. 2018.

OTI, A. et al. A framework for the utilization of Building Management System data in building information models for building design and operation. **Automation in Construction**, v. 72, 2016, p. 195-210. ISSN 0926-5805.

PLURALSIGHT. **What Is BIM? It's More Than Revit.** Nov. 14, 2013. Disponível em: <https://www.pluralsight.com/blog/architecture/what-is-bim-revit>. Acesso em: 31 jan. 2018.

PREFEITURA DA CIDADE DE SÃO PAULO. Decreto nº 48.338, de 10 de maio de 2007.

SALUJA, C. **A process mapping procedure for planning building information modeling (BIM) execution on a building construction project.** Pennsylvania State University, 2009.

SHIH, S.-Y.; SHER, W. Development of Building Information Modelling Enabled Code Checking Systems for Australia. **Proceedings of the 17th International Symposium on Advancement of Construction Management and Real Estate**, Springer, 2014, p.1003-1010.

SUCCAR, B. Building information modelling framework: a research and delivery foundation for industry stakeholders. **Automation in Construction**, v. 18, n. 3, 2009a, p. 357-375. Disponível em: <https://www.scopus.com/inward/record.uri?eid=2-s2.0-59049095324&doi=10.1016%2fj.autcon.2008.10.003&partnerlD=40&md5=78f8c1b99d396371ae95905052c163db>. Acesso em: 31 jan. 2018.

SUCCAR, B. **Building information modeling maturity matrix.** Handbook of Research on Building Information Modeling and Construction Informatics: Concepts and Technologies, IGI Global, 2009b, p. 65-103.

YOO, S. et al. Development of BIM-based Building Approval Submission System. **Korean Journal of Computational Design and Engineering**, v. 20, n. 2, 2015, p. 171-181. ISSN 2508-4003.

4. Como implementar sistemas de gestão que tragam resultados para a sua empresa

Lucedile Adriana Mendes Antunes

4.1. Introdução

Neste capítulo vou compartilhar com vocês um pouquinho da minha experiência como consultora criando e reinventando sistemas de gestão e também desenvolvendo pessoas por meio das ferramentas do *coaching* e *mentoring*.

Você vai ter dicas de como estruturar um sistema de gestão eficiente e trazer resultados para a sua empresa.

Em diversos momentos vou convidá-lo a fazer uma reflexão, usando o símbolo mostrado na Figura 19:

Figura 19. Lâmpada.
Fonte: Freepik (<www.freepik.com>)

4.2. O caminho para a excelência

Uma organização em busca da excelência passa por diferentes níveis de maturidade das suas práticas de gestão. O caminho a ser percorrido apresenta marcos relevantes, que definem os estágios de maturidade para o sistema de gestão da organização.

A matriz de maturidade, adaptada da teoria, e as Técnicas da Liderança Situacional, de Hersey e Blanchard (1992), nada mais são do que ferramentas para avaliação do grau de maturidade e da capacidade do sistema de gestão em alcançar os objetivos estratégicos da organização. Essa matriz faz uma correlação com as fases da vida. Essa abordagem evolutiva orienta a organização na formulação de suas estratégias de melhoria de curto, médio e longo prazo, direcionada pelos objetivos do negócio e sustentada por avanços gradativos no amadurecimento de suas práticas gerenciais. A maturidade do sistema (organização como sistema aberto) está fortemente alinhada à maturidade na gestão do projeto em si, ou seja, da obra. Para maior entendimento dessa questão, nosso estágio atual e as possibilidades de desenvolvimento serão tratadas posteriormente.

Como ocorre em muitas organizações de outros setores, no setor da construção as organizações mais maduras aprendem com suas falhas e tomam decisões baseadas em fatos. Sistematicamente, coletam dados para analisar, controlar, prever e planejar seu desempenho. O que observamos, porém, é que muitas vezes as empresas de construção não dão a devida importância e dedicação ao planejamento. Já as organizações com baixa maturidade não têm processos estruturados e seus métodos variam conforme as circunstâncias e as pessoas que executam as tarefas: sendo assim, seus resultados são muitas vezes imprevisíveis. Portanto, percebemos que há grande potencial de melhoria da gestão dos processos administrativos e operacionais do setor da construção civil.

Vejamos a Figura 20, que exibe uma relação entre a maturidade dos sistemas de gestão x fases da vida:

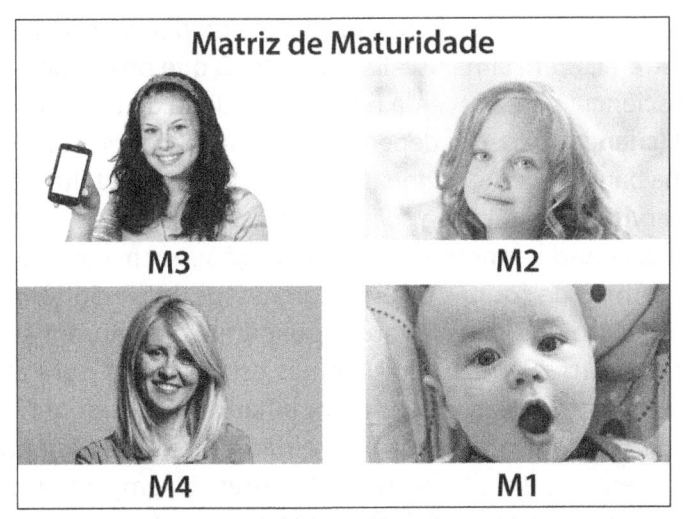

Figura 20. Matriz de maturidade dos sistemas de gestão x fases da vida.
Fonte: **Imagem do bebê:** Autora: Amy Quinn. Nome: Surprised Baby. Site: <https://www.publicdomainpictures.net/en/view-image.php?image=115576&picture=surprised-baby>. Licença: CC0 1.0 Universal (CC0 1.0) Public Domain Dedication <https://creativecommons.org/publicdomain/zero/1.0/>. **Imagem da criança:** Site PxHere. Site: <https://pxhere.com/en/photo/776325>. Licença: CC0 1.0 Universal (CC0 1.0) Public Domain Dedication <https://creativecommons.org/publicdomain/zero/1.0/>. **Imagem da adolescente:** Autor: Petr Kratochvil. Nome: Teenager With Smartphone. Site: <https://www.publicdomainpictures.net/en/view-image.php?image=14816&picture=teenager-with-smartphone>. Licença: CC0 1.0 Universal (CC0 1.0) Public Domain Dedication <https://creativecommons.org/publicdomain/zero/1.0/>. **Imagem da adulta:** Autor: Fæ. Nome: Official portrait of Esther McVey. Site: <https://fr.wikipedia.org/wiki/Fichier:Official_portrait_of_Esther_McVey_crop_2.jpg>. Licença de uso: Creative Commons Atribuição 3.0 (unported) Attribution 3.0 Unported (CC BY 3.0) <https://creativecommons.org/licenses/by/3.0/deed.en>.

Vamos entender cada fase da maturidade adaptada da teoria de níveis de maturidade da liderança, de Hersey e Blanchard (1992).

> ➢ **M1 (bebê):** o bebê depende de tudo: para comer, para limpar a fralda, para tomar banho, etc. Um sistema de gestão "bebê" é informal, onde tudo só acontece se alguém cobrar ou até mesmo fazer no lugar dos outros, o que é um grande erro. O desempenho varia com as habilidades e a dedicação individual dos seus colaboradores. Consequentemente, ninguém na organização enxerga benefícios e valor agregado nesse tipo de prática de gestão. Costumamos dizer que a organização tem um sistema de gestão "para inglês ver". Então, por exemplo, um almoxarife só controla os materiais se o seu líder soli-

citar; o empreiteiro só conclui a tarefa do dia se consistentemente o mestre ficar em cima fiscalizando, etc. O que observamos é que falta consciência do papel e da responsabilidade de cada um.

> **M2 (criança):** é menos dependente, anda, fala, expressa suas vontades, toma banho e come sozinha, mas precisa de um adulto por perto para supervisionar muitas de suas rotinas. Um sistema de gestão "criança" é aquele onde as pessoas na organização sabem o que deve ser feito em termos de rotinas dos seus processos, mas não têm consciência do impacto que podem causar quando não cumprem suas entregas para as outras áreas. São sistemas estruturados para atendimento de rotinas mínimas, onde foram olhados e considerados apenas os requisitos do processo da área, e não a inter-relação entre as áreas. Por exemplo, em um canteiro de obras, os empreiteiros executam seus serviços, porém deixam alguma pendência para o próximo serviço, e isso sempre causa um grande desgaste, pois sempre um quer empurrar para o outro a responsabilidade.

> **M3 (adolescente):** o adolescente tem plena consciência do que tem que ser feito; entretanto, muitas vezes, falta a ele a maturidade na tomada de decisões. Um sistema de gestão "adolescente" foi projetado para atender às necessidades e expectativas das partes interessadas, tem bons indicadores, os processos são integrados e alinhados e possuem capacidade de entregar os resultados planejados. Um negócio só se sustenta quando as necessidades e expectativas das partes interessadas são atendidas. Imagina que estivéssemos assistindo a um show de um equilibrista e ele derruba um prato. Qual seria a nossa percepção em relação ao show? Nossa, ele fracassou no show, que pena... a sensação seria de decepção. Trazendo essa analogia para a empresa, imaginemos que cada parte interessada é um prato (acionista, colaboradores, clientes, fornecedores, sociedade, órgãos legais, etc.). Se uma parte não tem suas necessidades e expectativas atendidas, a sustentabilidade do negócio fica em risco. Portanto, os processos do sistema de gestão devem ser desenhados para atender a todas as partes interessadas. Por exemplo, o cliente pode estar muito satisfeito com os produtos e serviços da empresa, mas o acionista não está tendo resultados financeiros com o negócio; ou o acionista está tendo resultado financeiro, o cliente está satisfeito, porém os colaboradores não estão motivados, sua produtividade está baixa e os fornecedores estão rompendo as parcerias pois não há uma relação ganha x ganha, e sim uma relação ganha x perde com

a empresa. Portanto, todas as partes devem estar satisfeitas e com suas necessidades atendidas para que o negócio se sustente.

- **M4 (adulto):** o adulto tem a maturidade necessária para tomar suas decisões, já viveu uma grande jornada e sabe aprender com seus erros e acertos. Um sistema de gestão adulto foi desenvolvido com foco na eficiência dos processos, preocupando-se em atender às necessidades e expectativas dos clientes internos, gerenciando riscos e oportunidades. As pessoas na organização são conscientes da importância das suas atividades e de como elas podem contribuir para o atingimento dos resultados da organização. Há um engajamento de todos na organização, a alta direção é bastante envolvida e enxerga os benefícios e resultados de ter um sistema de gestão bem implantado. Metas de desempenho baseadas nos objetivos do negócio são quantitativamente estabelecidas e acompanhadas, visando orientar as ações de melhoria e inovação. Um exemplo que podemos citar é quando há uma sinergia muito grande entre as áreas e as obras. Todos entendem seu papel e trabalham para atender sempre bem ao seu cliente interno – e principalmente há um grau de consciência que permite a cada colaborador enxergar os riscos e as consequências de não cumprir com as suas entregas. Exemplo: o engenheiro da obra entende a consequência de não enviar suas requisições de compras no prazo, sabe que isso poderá afetar a área de compras, que reúne as requisições de mesmos materiais especificados para ter um poder de negociação e compras maior, ou seja, se uma obra atrasa sua requisição, ela pode afetar a entrega desse material não só para sua obra, mas para todas as demais que solicitarem o mesmo material. Outro exemplo que podemos citar é quando o administrativo da obra atrasa o envio da NF e da medição do empreiteiro para a área financeira. O empreiteiro receberá atrasado, e isso poderá afetar o pagamento de seus funcionários. Em uma maturidade M4 há compromisso com o seu cliente interno.

Aqui faço uma pausa para convidá-lo a uma reflexão: você já parou para pensar por que temos tantas empresas no mercado que possuem sistemas de gestão, como ISO 9001 – Gestão da Qualidade, PBQP-H – Programa Brasileiro de Qualidade e Produtividade na Habitação, ISO 14001 – Gestão Ambiental, OHSAS 18001 – Gestão em Segurança e Saúde Ocupacional, entre outros, e os seus produtos e/ou serviços não atendem às necessidades e expectativas dos clientes?

Isso acontece porque os processos foram escritos exatamente como as rotinas acontecem, fazendo a analogia com os níveis de maturidade. Essa organização é uma maturidade M2. No passado, ouvia-se muito o termo "escreva o que você faz e faça o que você escreveu". Em empresas desse perfil, não houve, na estruturação do sistema de gestão, momentos de questionamento e reflexão sobre o quanto aquele processo está eficaz e entregando os resultados planejados, pois muitas vezes nem o propósito do processo, ou seja, a razão pela qual ele existe na organização, é de conhecimento e entendimento de todos.

A matriz de maturidade pode ser usada para análise da maturidade de diversos assuntos, desde análises macro dos sistemas de gestão até análises micro de rotinas.

Vejamos um outro exemplo: como está a maturidade do processo de auditorias internas na sua organização?

Em uma auditoria maturidade M1 os auditores conduzem amostragens e avaliações superficiais sobre as rotinas das áreas e não dos processos.

Uma auditoria maturidade M2 normalmente segue um roteiro preestabelecido com foco na avaliação da conformidade do que foi escrito, ou seja, se o que foi escrito nos procedimentos e instruções do SG não garante a eficácia dos processos, incluindo entregas e necessidades dos clientes internos, o time de auditores estará apenas confirmando que a prática estabelecida está implantada.

Já uma auditoria maturidade M3 permite que os auditores internos sejam preparados para estabelecer seus próprios roteiros de auditoria, que eu também gosto de chamar de trilhas, focados na avaliação da eficácia de cada processo, ou seja, se as áreas estão garantindo entregas e fornecimentos planejados, alinhados com os propósitos de cada processo.

E, por fim, uma auditoria maturidade M4 permite que os auditores avaliem a performance dos processos, ou seja, se os resultados planejados no direcionamento estratégico da organização estão sendo atingidos.

4.3. Como estruturar sistemas de gestão eficientes

Para que os sistemas de gestão da qualidade, ambiental e de segurança e saúde sejam realmente adotados por todos na organização, principalmente no setor da construção, em que necessitamos de tantas melhorias para sermos mais competitivos, e para recuperarmos a credibilidade perdida nesse momento do nosso país, devemos primeiramente fazer a seguinte reflexão:

Para que serve efetivamente um sistema de gestão? Sem essa reflexão, não é possível prosseguir. Ela é o "alicerce" para criar um sistema de gestão eficiente.

Sempre que eu vou dar início aos meus trabalhos de consultoria, eu convido a alta direção e equipes a refletir: por que sua organização busca implantar um sistema de gestão? Que benefícios e resultados pretendem alcançar?

E muitas vezes a resposta que temos é que a organização está buscando implantar um sistema de gestão porque é uma exigência de mercado ou um requisito para se obter o financiamento bancário, mas raras são as vezes em que eu escuto a construtora A ou B me dizer que quer implantar um sistema de gestão para atingir a eficiência dos processos na organização.

Hoje ter um sistema de gestão certificado já não é um grande diferencial de mercado, comparado ao *boom* que tivemos na década de 2000. Portanto, as empresas que têm sistemas de gestão, sejam eles certificados ou não, devem buscar no mínimo excelência na sua gestão, atrelada à melhoria de desempenho nos resultados, redução de riscos, melhor competitividade e atendimento das expectativas das partes interessadas do negócio, visando a sustentabilidade da organização.

A padronização das rotinas permite integração e treinamento a todos os colaboradores tomando como base o que foi estabelecido pela organização como padrão de qualidade a ser seguido.

Outro grande benefício dos sistemas de gestão efetivos é preservar o conhecimento organizacional, ou seja, a rica experiência dos profissionais da organização, que pode ser aprendida e absorvida, bem como as lições de aprendizado, visando aprimorar continuamente os processos dos sistemas de gestão. Para isso se faz necessário criar encontros de lições aprendidas, que podem ser realizados no término de uma obra, ou por fases de um projeto, ou por temas – por exemplo, planejamento de obras: vamos aprender com nossos acertos e erros olhando a experiência que tivemos com cada projeto (empreendimento).

Os sistemas de gestão das empresas eram dissociados da gestão do negócio, não havia uma conexão com o planejamento estratégico das organizações. O sistema de gestão tinha como ponto de partida a política da qualidade.

Com o advento da nova abordagem das normas ISO, nós teremos um sistema de gestão desenhado para atingir o direcionamento estratégico da empresa. Portanto, agora há uma clara "amarração" entre a gestão do negócio e o sistema de gestão.

A sustentabilidade econômica da organização por meio de processos eficientes seria um exemplo de direcionamento estratégico para os processos de gestão.

Eficiência é a relação entre o resultado alcançado e os recursos usados, portanto todos os processos de uma organização (comercial, projetos, planejamento, orçamentos e controle de custos, pré-obras, suprimentos, obras, assistência técnica, segurança do trabalho, meio ambiente, etc.) devem ser desenhados com esse objetivo, de fazer mais com menos recursos, ou seja, se desdobrando do comercial, que é a contratação da obra, passando por todos os subprocessos de obras e chegando até a assistência técnica pós-obra.

4.4. Gestão de processos x gestão por processos

Os processos são constituídos pelo conjunto de atividades preestabelecidas que, quando executadas em uma sequência determinada, conduzem a um resultado esperado, com o objetivo maior de transformar saídas em produtos de valor para os clientes internos e externos.

Vejamos um exemplo.

Por meio dos processos de gestão de planejamento e controle de custos deve ser possível garantir o custo orçado e os prazos contratuais.

Portanto, a equipe da obra deve:

- Administrar o desenvolvimento da obra para garantir o planejamento físico e financeiro.
- Garantir alto índice de acerto na previsão de aporte mensal da obra.
- Manter a obra dentro do custo orçado.
- Assegurar que as apropriações de custos sejam corretas e o estoque devidamente atualizado.
- Informar à área de planejamento sobre itens não identificados no orçamento, para que a análise identifique se há a necessidade de criação de um item extra.

Esse valor é gerado nos processos quando há aprendizado organizacional, atuação em uma rede de processos interligados, inovação, olhar para o futuro, conhecimento sobre clientes internos e externos e mercado.

Você conhece a diferença entre uma organização que tem uma "gestão DE processos" e outra que tem uma "gestão POR processos"?

Apesar de serem praticamente iguais, em uma gestão "de" processos a visão é por departamento, ou seja, cada processo é executado de forma independente, sem considerar a inter-relação e a qualidade das entregas com os demais processos. Cada um olha apenas para a sua "caixinha".

Nesse tipo de organização, o foco primário é no gerenciamento do departamento. As pessoas buscam o desempenho da sua área de forma individualista e pouco trabalham para buscar as soluções e estratégias que tragam melhores resultados para o negócio.

Vejamos um exemplo de um processo que foi desenhado com uma visão "de" processo, ou seja, uma visão mais no departamento, sem a preocupação de garantir que o processo do departamento tenha sido desenhado para entregar o seu efetivo propósito.

Aquisições: seu propósito é fazer compras com a melhor relação custo-benefício, atendendo a requisitos especificados, incluindo normas técnicas.

O exemplo a seguir ilustra a gestão "de" processos mais comum em obras. O processo de aquisições tem como um dos seus propósitos realizar compras de acordo com os memoriais e projetos; contudo, a obra envia uma requisição muitas vezes incompleta e o departamento de compras, por sua vez, não a questiona e simplesmente realiza a compra sem uma adequada conferência do que foi especificado. Afinal, se seu propósito é garantir compras conforme especificações, é, sim, seu papel avaliar a qualidade da especificação recebida e, quando necessário, questionar. Por consequência, a ineficiência desse processo gerará devolução e atrasos no cronograma da obra.

Dessa forma, destaco a importância de sempre coletar e alinhar necessidades e expectativas das partes com *feedbacks* retroalimentados frequentemente, ou seja, procure seu cliente interno – por exemplo, no caso anterior, a área de suprimentos deve procurar as obras, entender melhor o que se passa nos canteiros, quais são as reais necessidades e expectativas e ajustar seus processos internos para que cada vez mais possa entregar o seu propósito.

Se todas as áreas tiverem essa postura de sempre alinhar necessidades e expectativas do que está sendo entregue, teremos uma gestão "por" processos.

4.4.1. Como conduzir a estruturação dos processos

De acordo com os critérios de excelência da FNQ (Fundação Nacional de Qualidade), na estruturação dos processos devemos levar em consideração os processos de negócios, os processos de apoio e os processos de gestão no momento do estabelecimento do seu sistema de gestão.

Qualquer que seja o momento em que sua organização esteja em termos de maturidade dos processos, seja em fase inicial de estruturação do seu sistema de gestão ou em fase de aprimoramento dos processos já implantados, eu recomendo que seja feita uma análise das práticas atuais x práticas pretendidas em termos de propósito, desempenho e boas práticas de mercado.

Durante meus trabalhos de consultoria, quando questiono por que determinadas práticas são realizadas daquela maneira, usualmente tenho como resposta:

- "A norma não exige que seja dessa forma".
- "Realmente não sei, pois desde que entrei aqui na organização aprendi dessa forma e realmente nunca me questionei se a forma de fazer está efetivamente agregando valor e resultados".
- "Sabe que nunca me questionei?"

Portanto, na estruturação dos processos, recomenda-se levar em consideração:

- **Propósito:** conhecer a missão do processo, ou seja, a razão da sua existência e os resultados pretendidos em termos de desempenho.
- **Integração:** inter-relacionamento com outras práticas, a cooperação entre as áreas.
- *Benchmarking*: busca de boas práticas no setor ou no mercado.
- **Melhoria continuada:** demonstração do compromisso com os requisitos das partes interessadas e resultados estratégicos e operacionais.
- **Foco no cliente interno:** quando temos clientes internos satisfeitos e bem atendidos, temos muito mais chances de ter nosso cliente externo satisfeito. Um processo depende do outro, como uma engrenagem que precisa girar por completo até a entrega final ao cliente externo.
- **Liderança:** definição clara de responsabilidades e autoridades.

Na etapa de planejamento e priorização dos processos a serem estruturados ou reinventados na organização, eu recomendo que sejam levados em consideração os processos que tenham maior:

- Impacto no cliente.
- Contribuição para a estratégia.
- Impacto financeiro.
- Impacto na qualidade do produto.
- Impacto na necessidade das partes interessadas.

4.5. Desafios na implantação dos sistemas de gestão

No tópico anterior, vimos como planejar e estruturar um sistema de gestão eficiente. Entretanto, temos agora um grande desafio pela frente, que é a implantação do sistema.

Você já se questionou de quem é realmente a responsabilidade pelo sucesso do sistema de gestão?

> "Havia um importante trabalho a ser feito, TODO MUNDO tinha certeza de que ALGUÉM o faria, QUALQUER UM poderia tê-lo feito, mas NINGUÉM o fez.
>
> ALGUÉM se zangou porque era um trabalho de TODO MUNDO, TODO MUNDO pensou que QUALQUER UM poderia fazê-lo, mas NINGUÉM imaginou que TODO MUNDO deixasse de fazê-lo.
>
> Ao final TODO MUNDO culpou ALGUÉM quando NINGUÉM fez o que QUALQUER UM poderia ter feito". (autor desconhecido)

Você conhece ou já viu uma situação assim?

A implantação de um sistema requer quebrar muitos paradigmas, e o grande sucesso está em quem opera tudo isso, que são as "pessoas".

Portanto, desenvolver nas pessoas a consciência da importância das suas atividades individuais e no todo, bem como o respeito com os seus clientes internos no cumprimento das entregas, sem dúvida trará à sua organização resultados surpreendentes e uma grande vantagem competitiva, em especial no setor de construção civil, principalmente em momentos de crise, onde as pessoas terão que ser muito mais produtivas.

A maior dificuldade está no engajamento das pessoas, e para que o engajamento aconteça é preciso comunicar de forma muito transparente as responsabilidades dos colaboradores dentro das rotinas de cada processo e treiná-las para tomar decisões.

Na obra, as responsabilidades da equipe (administrativo, mestre, engenheiro, coordenador, estagiário, almoxarife, encarregado, etc.) devem estar claramente definidas para que cada um entregue a sua parte de forma consciente, ou seja, compreendendo o impacto de deixar de entregar ou simplesmente entregar incompleto, por exemplo.

Outro fator fundamental é estimular a geração de ideias e ouvir sempre as opiniões de quem realiza as atividades. Isso pode ajudar a identificar processos e/ou rotina ineficazes. Por exemplo, a realização de reuniões relâmpago todas as manhãs no canteiro de obras, onde a equipe pode reportar dificuldades como: atrasos, não conformidades, recursos, logística, entre outros. Dessa forma, todos terão a oportunidade de falar, e desse encontro poderão surgir muitas ideias e também riscos potenciais poderão ser mitigados.

Promover a construção de relacionamentos e desenvolver o trabalho em equipe tornam o time muito mais engajado e unido.

A comunicação organizacional é a ferramenta mais poderosa para o sucesso na implantação de um sistema de gestão. O poder e o impacto da comunicação não podem ser subestimados, pois as pessoas têm sempre coisas valiosas para compartilhar. Portanto, encorajar as pessoas para que busquem sempre as melhores soluções para os desafios e dificuldades que surgem no dia a dia de um sistema de gestão é a chave do sucesso.

Reconhecer a dedicação e o desempenho, bem como comemorar, será um constante impulsionador de um sistema de gestão em contínua melhoria. Percebo nos meus trabalhos de *coaching* e desenvolvimento de pessoas que uma das coisas que mais o colaborador espera da empresa é o reconhecimento. É o seu "muito obrigado". Isso motiva as pessoas no dia a dia do seu trabalho e muitas vezes vale mais do que um aumento salarial. Comemorar as conquistas consolida as vitórias.

Em resumo, o que fará um sistema de gestão em constante evolução e amadurecimento será a prática de ouvir e aprender, agir, reconhecer e compartilhar, para que todos direcionem seus esforços para a mesma intenção estratégica.

Portanto, sugiro que criem na sua construtora encontros periódicos, preferencialmente com menos formalidade (ex.: *happy hours*), para troca de experiências e geração de ideias e melhores práticas. Essa rotina fará toda a diferença na sua gestão.

4.6. A importância das pessoas no contexto organizacional

Por que a gestão de pessoas é tão importante dentro de uma organização?

Pelo simples fato de que os negócios são feitos de pessoas e estas são o maior patrimônio de uma organização.

Portanto, não basta estruturarmos apenas processos eficientes, pois dependemos das pessoas para operar. Dessa forma, nasce a importante necessidade das empresas desenvolverem as pessoas nas competências técnicas e principalmente comportamentais e de liderança, para terem equipes de alto desempenho, com o objetivo de apoiar o crescimento da organização e suas estratégias.

Como *coach*, eu aplico nos meus projetos diversas ferramentas do *coaching*, que é uma parceria entre o *coach* (profissional treinado para entregar o processo de *coaching*) e o *coachee* (pessoa que passará pelo processo de *coaching*), onde trabalhamos comportamentos que irão elevar a performance do profissional dentro da organização, maximizando o seu potencial pessoal e profissional, na busca do alcance dos seus objetivos e metas por meio do desenvolvimento de novos e mais efetivos comportamentos.

Em complementação a esse trabalho, também podem ser desenvolvidos e aplicados programas de mentoria, que visam o compartilhamento de conhecimentos e experiências, principalmente internos à organização, valorizando dessa forma as pessoas e também a replicação de conhecimentos.

Você já parou para pensar a respeito de quanto conhecimento técnico a sua equipe possui?

Muito, não é mesmo? E muitas vezes esse conhecimento fica retido apenas nas pessoas. Para facilitar esse compartilhamento, entram os programas de mentoria, onde se define que conhecimentos determinado colaborador possui e deve compartilhar. É através das histórias sobre as trajetórias dos profissionais que podem ser extraídos valiosos conhecimentos.

Claro, tão importante quanto compartilhar é colocar os aprendizados em prática, retroalimentando os procedimentos do seu sistema de gestão.

Vamos falar agora um pouquinho sobre comportamentos. Vejamos alguns exemplos de comportamentos praticados por equipes engajadas e que atingem melhores resultados:

- Participam ativamente.
- Compreendem as suas atribuições.
- Possuem consciência organizacional.
- Interagem e trabalham em equipe.
- Gerenciam conflitos e constroem alianças.
- Comunicam-se claramente.
- Praticam constantemente a cultura do aprendizado.
- Entre outros.

Para que a sua equipe atinja esse nível de maturidade, é necessário, em primeiro lugar, que a alta direção enxergue o valor que as pessoas têm na sua empresa. A partir desse ponto, será possível desdobrar uma série de iniciativas para atingir resultados na gestão de pessoas.

A excelência na gestão de pessoas é fator determinante na oferta de produtos e serviços competitivos e atrativos.

4.6.1. Passos para construir uma grande equipe

Empresas que valorizam as pessoas se colocam em uma posição de destaque no mercado por uma simples razão: o conhecimento organizacional adquirido ao longo do tempo é algo que não é possível copiar.

Para a construção de uma grande equipe, tudo depende de:

- Quem é escolhido para cada função, com base nas competências necessárias e nos valores da organização.
- Como são passados os conhecimentos e os valores da organização.
- Quais são as estratégias de comunicação, recompensa e motivação.
- Como as lideranças se relacionam com suas equipes.
- Do quão claramente foram comunicadas as responsabilidades e foi informado o grau de autonomia, para que as pessoas conheçam os papéis uns dos outros e a sua participação no todo.
- De como os líderes são preparados para dar e receber *feedbacks* às suas equipes, visando o desenvolvimento e crescimento do time e tornando-se líderes inspiradores para o time.

Cada vez mais as empresas estão buscando formas para desenvolver pessoas. Exemplos disso são: rotação em postos de trabalho (*job rotation*), capacitações conduzidas por colaboradores mais experientes por meio de programas estruturados de *mentoring*, desenvolvimento de competências comportamentais através de programas de *coaching*, etc.

Avaliar a eficácia dos programas de capacitação é fundamental para garantir que as pessoas assimilaram os conhecimentos e os estão aplicando de forma efetiva.

O olhar para o indivíduo, buscando compreendê-lo e desenvolvê-lo de forma integral, é o fator predominante para que eles possam se tornar melhores indivíduos, cidadãos e profissionais.

Um outro ingrediente muito importante é a preocupação que a empresa deve ter com a qualidade de vida no ambiente do trabalho, para que o colaborador possa ter equilíbrio entre pessoal e profissional.

Pessoas que sentem suas vidas equilibradas em todas as dimensões tendem a manter seu desempenho alto por mais tempo. Cansam-se menos. São mais resilientes. Faltam menos. Ficam menos doentes e realizam suas entregas de forma mais consciente.

Infelizmente, no setor de construção civil, apesar de existir no organograma da empresa uma área chamada recursos humanos, na maior parte das vezes ela desempenha rotinas relacionadas às de um departamento de pessoal.

O nosso setor está bem atrasado no tema desenvolvimento de pessoas, se comparado a outras indústrias.

Como mencionado anteriormente, empresas são feitas de pessoas; sem elas não é possível a sustentabilidade dos negócios. Portanto, os empresários do setor de construção civil devem passar a enxergar pessoas como um patrimônio, e não como custo. Se houver investimento em desenvolvimento de pessoas, a sua empresa poderá alcançar novos patamares de maturidade e, com isso, melhores resultados.

E para que esse desenvolvimento aconteça é necessário criar políticas de recursos humanos que devem permear desde o processo de recrutamento e seleção dos melhores profissionais no mercado, passando por avaliação de desempenho, que é um momento muito importante, onde líderes e liderados alinham necessidades e expectativas em busca das metas e direcionamento estratégico, planos de desenvolvimento e finalizando com políticas de reconhecimento e retenção de talentos.

4.6.2. O que motiva e retém as pessoas?

De acordo com o vice-presidente sênior de RH do Google, Laszlo Bock, autor do livro "Work Rules", o salário nunca esteve como principal fator que mantém as pessoas nas empresas, a não ser em funções de baixa complexidade.

Então o que motiva as pessoas?

No começo as pessoas se motivam pela recompensa financeira, mas a força motivacional do dinheiro é apenas um fator ativador, que vai perdendo força à medida que os colaboradores se acostumam com o nível de remuneração.

As pessoas querem mais do que apenas ganhar dinheiro. Elas querem fazer algo que signifique alguma coisa. Portanto, dar aos funcionarios um senso de propósito, além de retê-los, tem seus benefícios. De acordo com pesquisa feita pelo professor Adam Grant, de Wharton, a produtividade dos funcionários aumenta em até cinco vezes quando as pessoas estão aptas a conectar o seu trabalho a algo significativo.

A grande verdade é que as pessoas têm outras fontes de motivação.

De acordo com os estudos feitos pela Endeavor, o bom relacionamento com os colegas no ambiente de trabalho é o item de maior motivação na carreira. Em segundo lugar está o reconhecimento como um bom profissional e em terceiro as pessoas fazerem o que realmente gostam.

Outros fatores que motivam e ajudam a reter colaboradores são: trabalhar com pessoas por quem se tem admiração, ter autonomia para tomar decisões, ter desafios constantes, ter voz ativa junto ao líder, ter flexibilidade de horário, ter possibilidade de crescimento na organização, ter possibilidade de coordenar/gerenciar pessoas e participar das decisões estratégicas da organização.

Ter autonomia faz com que os colaboradores adquiram mais responsabilidade e ajam como se fossem o dono do negócio.

E quais são os principais fatores que fazem com que as pessoas se sintam desmotivadas?

A cultura do protecionismo é o grande perigo. Os colaboradores esperam justiça e transparência nas relações de trabalho.

É quando não há o sentimento de pertencimento e o colaborador não tem abertura para contribuir para o resultado, ou quando as pessoas não possuem um gestor inspirador, com quem possam aprender e crescer profissionalmente e no qual se espelhar.

4.7. Cultura organizacional

A cultura organizacional é a alma da organização.

A cultura organizacional é quem alinha, ajusta e dirige o comportamento das pessoas que vão levar a organização ao sucesso.

Portanto, cultura organizacional é uma ferramenta competitiva das mais poderosas para a geração de resultados.

Quais são as alavancas para criar a cultura organizacional?

> **Clareza:** saber exatamente que tipo de cultura se quer construir e por que essa cultura é importante para atingir os principais objetivos de performance.

> **Comunicação:** comunicar incansavelmente os valores da organização.
> **Consistência:** reforçar a cultura em todas as oportunidades.

Na Disney, por exemplo, a cultura corporativa é definida como a "forma como a Disney faz as coisas", e esse é o pilar dos processos de gestão de pessoas e a filosofia fundamental de todas as decisões corporativas. A herança e as tradições, os padrões de qualidade e os valores compartilhados são fatores essenciais para a consolidação da cultura.

E para fecharmos com chave de ouro o assunto "pessoas", gosto muito dessa frase do Walt Disney: "você pode sonhar, criar, desenhar e construir o lugar mais maravilhoso do mundo. Mas é necessário ter pessoas para transformar seu sonho em realidade".

4.8. Liderança inspiradora na gestão de pessoas

Inicio este tema com a seguinte afirmação: "as pessoas com quem as empresas trabalham sempre serão pessoas".

Essa é sem dúvida a principal tendência de liderança corporativa, que está revolucionando a gestão de pessoas nas melhores empresas para se trabalhar. Um olhar mais profundo para o ser humano.

Como os líderes podem construir um excelente ambiente de trabalho?

As empresas que possuem boas práticas estão liderando com valores compartilhados e não com regras e diretrizes.

É por começar a pensar menos nas coisas materiais. Por exemplo, os inúmeros benefícios oferecidos aos colaboradores – claro que eles são muito importantes, mas passar a pensar mais em como poderia ser a experiência de trabalhar na sua organização.

Essa experiência deve ser única e especial para cada colaborador, fazendo com que ele sinta um enorme orgulho de fazer parte do time. Ele sentirá uma grande sensação de pertencimento.

Pare para pensar o quanto isso é importante. Quanto do seu tempo você passa na organização?

A vida dos seus colaboradores está em jogo, e a maior parte do tempo eles passam na organização, portanto construa um ambiente gostoso para se trabalhar, para que a cultura da organização possa prosperar. Portanto, uma das qualidades essenciais de um líder é ser confiável e um excelente ouvinte.

Você é o maior exemplo.

Um mundo em acelerada evolução pede empresas muito mais humanas, onde as pessoas estão mais conectadas entre si.

Questionar a forma de trabalhar, o quão próximo ou distante a organização está dos seus valores e crenças, é fundamental para que a organização busque a ousadia de rever comportamentos, regras e práticas de liderança e gestão.

Os líderes exercem uma forte influência, positiva ou negativa, no comportamento das suas equipes, criando um ambiente onde as pessoas sintam que podem trazer para dentro da organização suas paixões e ideias.

Muitas pessoas saem das organizações por não ter um líder em que elas se espelham e do qual sentem orgulho, afinal o líder representa a organização, a cultura organizacional. Portanto, deixar de investir na liderança pode ser um estímulo negativo para o *turn over* da organização.

E é esse olhar que o nosso setor de construção civil deve passar a ter.

Desenvolver um olhar para o indivíduo como um todo irá assegurar a formação de um time que "veste a camisa" da organização.

Acima de tudo, os colaboradores são seres humanos e às vezes passam por dificuldades e desafios em outras áreas da sua vida, tais como saúde e família, por exemplo. Portanto, nem sempre é possível deixar seus problemas em casa.

Isso não significa que alguém deva sair contando seus dramas para todo mundo, mas o colaborador deve se sentir acolhido, sabendo que terá o suporte dos colegas e da organização em algumas fases mais complexas da vida.

De acordo com pesquisa realizada em 2009 por Lynda Gratton, professora do MBA da *London Business School*, cerca de 80% dos empregados dizem que ninguém os escuta.

Incentivar a liberdade de expressão e compartilhar com as equipes as melhores práticas de gestão são a chave para o sucesso nas relações.

> "Ouvir é uma das habilidades mais importantes que um líder pode escolher para desenvolver" (HUNTER, 1989).

A grande tendência passa a ser o incentivo à criação de redes internas para promover o relacionamento pessoal entre gestores e equipes, criando um elo maior entre os colaboradores, onde todos são estimulados a contribuir, servir e participar, sustentando a cultura e os valores.

Aqui faço uma pausa para convidá-los a uma reflexão: na sua opinião, como deveriam ser os comportamentos praticados por líderes que atingem melhores resultados?

Seriam líderes que:

- Preocupam-se com as pessoas na organização.
- São um exemplo a ser seguido.
- Inspiram ação e entusiasmo.
- Desenvolvem e aconselham.
- Liberam o potencial das pessoas.
- Dizem "nós".
- São aglutinadores.
- Compreendem e aprendem com os erros.
- Trabalham em equipe.

- Conquistam a liderança.
- Têm influência.
- Desenvolvem o time.

4.9. Aprendendo com os erros

Não há nada mais patético do que fazer nosso trabalho da mesma maneira, dia após dia, e esperar resultados diferentes.

Temos que aprender novas, melhores e diferentes maneiras de executar nossas tarefas.

Desde cedo somos programados para achar que errar é ruim. Essa crença impede que a organização aprenda com os seus erros.

A sabedoria de aprender com o erro tem um alto valor agregado para os sistemas de gestão.

A maioria dos executivos e suas lideranças, com quem convivo nos meus projetos de consultoria, acha que errar é ruim (é claro!) e que aprender com o erro é algo bastante simples: bastaria pedir aos outros que refletissem sobre o que fizeram de errado e incentivá-los a evitar erros semelhantes no futuro, por meio de ferramentas de ações corretivas, preparando um relatório sobre os desvios e, em seguida, comunicando por toda a organização.

Errar nem sempre é ruim. Na vida corporativa, às vezes é ruim, às vezes inevitável e às vezes até bom. Observo que a maioria das empresas não tem o conhecimento adequado principalmente sobre ferramentas de investigação de causas e muitas vezes acaba estabelecendo apenas ações imediatas, que são paliativas, acreditando que estão fazendo ações corretivas. Com muita frequência eu encontro como resultado superficial da investigação de causas-raízes: "os procedimentos não foram seguidos" ou "o mercado não estava pronto para nossa espetacular novidade" ou "falta de treinamentos para um colaborador que já executa determinada atividade há anos".

Nem todo erro é igual: portanto, a organização deve fazer uma análise mais aprofundada das efetivas causas e do contexto de erros, incluindo reincidências e impactos dos erros identificados, permitindo dessa forma evitar o famoso "jogo de buscar culpados" e elevando a maturidade da cultura de "aprender com os erros".

Para que isso aconteça, o exemplo tem que começar no topo da hierarquia. Os líderes têm o papel de criar um ambiente favorável para que as pessoas se sintam responsáveis por expor e aprender com os erros.

Ao se detectarem os erros, imediatamente deve-se iniciar o processo de aprendizado, antes que os desvios aumentem e virem um desastre. Muitas pessoas ainda relutam em dar notícias ruins a líderes e colegas.

O grande desafio é ensinar indivíduos a lidar com os erros.

A função do líder é garantir que a organização não se limite a seguir em frente após o erro, mas parar para investigar e descobrir as lições nele contidas.

E por que aprender com os erros é um processo tão difícil de ser implantado?

Porque quando os erros acontecem a tendência natural nas empresas é identificar as pessoas que falharam, mas muitas vezes a falha aconteceu por um erro de processo, por uma ineficiência da máquina, por uma falha do processo de treinamento e qualificação do colaborador, etc.

Quem nunca errou também nunca descobriu algo. A organização que para de aprender para de crescer.

Minha experiência mostra que a análise de falhas em geral é limitada e ineficaz.

Erros complexos são resultado de múltiplos eventos ocorridos em diferentes processos e níveis da organização, incluindo em alguns casos fornecedores, por exemplo.

Envolver equipes interdisciplinares com competências e perspectivas variadas para investigar as causas, além de evitar que isso não volte a ocorrer, é o grande segredo.

Em suma, organizações que praticam a cultura do aprendizado são aquelas que, em vez de se limitarem à detecção e à ação imediata para tratar as falhas, aprendem e inovam continuamente.

Mais importante do que aprender com os erros é preveni-los. E isso pode ser alcançado por meio da cultura do gerenciamento dos riscos.

4.10. Gerenciando os riscos

Gestão de riscos é uma ferramenta essencial para as empresas que buscam a excelência. Vivemos em um mundo em que novas incertezas surgem a cada instante. Por isso, é preciso incorporar a gestão de riscos aos processos decisórios e a qualquer iniciativa de mudança.

Existem diversas definições de riscos. De acordo com os padrões internacionais sobre o tema determinados pela ABNT NBR 31000 (2009), sobre gestão de riscos, risco é o efeito da incerteza sobre os objetivos de uma organização, podendo estes efeitos serem positivos ou negativos, ou seja, oportunidades ou ameaças. Conceitualmente, risco é o resultado da combinação de consequências de uma ocorrência (impacto) e sua probabilidade.

Riscos, como oportunidades de ganho, podem surgir como resultado de uma situação favorável para se obter um resultado pretendido (exemplo: "a crise" provoca um movimento natural na organização em busca de soluções para reduzir o desperdício ou melhorar a produtividade).

Risco, como uma ameaça de perda, é proveniente de uma situação desfavorável para se obter um resultado planejado (exemplo: "a crise" provoca uma redução no volume de negócios).

O ponto zero é a entrega planejada para um determinado objetivo, portanto, sem risco de perda ou ganho.

4.10.1. Tipos de riscos

Diversos tipos de riscos podem ser levantados por uma organização na sua rotina de gerenciamento de riscos. A seguir relaciono algumas das principais categorias de riscos.

Os riscos estratégicos estão relacionados às estratégias da organização (comportamento do produto, comportamento do mercado, concorrência, partes interessadas, etc.).

Os riscos de mercado estão relacionados a perdas nos valores de mercado (ex.: taxas de juros, variação cambial, mudanças na economia e política do país, etc.).

Já o risco de *compliance* é o risco de não cumprimento de requisitos legais ou regulatórios (ex.: leis, normas, códigos de ética, etc.).

O risco operacional é a possibilidade de ocorrência de perdas provenientes de falha de processos (ex.: qualificação de pessoal, liderança, qualidade do produto, custos, produtividade, prazos, socioambiental, de segurança e saúde ocupacional, capital intelectual, segurança da informação, etc.).

E, por fim, os riscos reputacionais estão relacionados à imagem da organização. Observo que muitas vezes as empresas deixam de lado a análise desses riscos.

4.10.2. Como implantar a cultura de gerenciar riscos

E aí vem a grande questão: como implantar uma cultura de riscos?

Uma cultura de riscos eficaz é aquela que parte do exemplo e da prática da alta direção e vai descendo até a base da pirâmide, onde existem práticas que incentivam e recompensam as pessoas.

A seguir, listei algumas boas práticas da cultura de riscos:

> ➢ Comunicação clara das altas lideranças, para todos os níveis da organização, sobre os riscos inaceitáveis.
> ➢ Responsabilização dos gestores sobre seu papel de gerenciadores dos riscos junto às equipes.
> ➢ Implantação de canais para que todos na organização possam reportar riscos que possam afetar o atingimento do direcionamento estratégico.
> ➢ Treinamentos constantes sobre gestão de riscos para todos os níveis hierárquicos, mostrando os benefícios dessa poderosa ferramenta.
> ➢ Ferramentas de gestão de riscos simples e de fácil aplicação por todos na organização.
> ➢ Promoção do pensamento baseado em riscos, permitindo que a aplicação aconteça continuamente, em todas as áreas da organização, e não pontualmente em eventos internos predeterminados.
> ➢ Implementação de comitês ou fóruns onde líderes possam compartilhar erros, aprender com eles e não repeti-los.

4.11. Medindo os resultados

A existência de um bom sistema de indicadores de desempenho em uma organização permite uma análise muito mais profunda e abrangente sobre a efetividade da gestão e de seus resultados do que a simples constatação de que está indo bem porque seu faturamento e o número de clientes estão crescendo.

Além de promover a cultura para a excelência, medir os resultados sistematicamente e de forma estruturada é fundamental para a gestão de uma organização, uma vez que possibilita o acompanhamento da sua evolução.

Os indicadores fornecem dados sobre o desempenho para as partes interessadas, eventualmente para uma prática de remuneração variável, além de fornecer dados para uma tomada de decisão baseada em fatos.

Os indicadores fornecem informações quantitativas ou qualitativas que expressam o desempenho de um processo, em termos de eficiência, eficácia ou nível de satisfação e cumprimento do seu propósito.

Uma pesquisa de 2017 da FNQ (Fundação Nacional de Qualidade) com micro e pequenas empresas brasileiras apontou que a maioria dos empresários e líderes de organizações desse porte tem dificuldade de estabelecer bons indicadores que permitam avaliar o desempenho e, consequentemente, a efetividade das estratégias e dos planos adotados, com o objetivo de acompanhar em quais temas a organização está melhorando ou piorando, bem como comparar com os resultados de outras organizações, facilitando dessa forma a avaliação sobre a sua competitividade no mercado.

E como selecionar bons indicadores?

O meu objetivo aqui é mostrar os pontos-chave que você pode considerar, para definir o seu sistema de indicadores:

> **Requisitos das partes interessadas:** partes interessadas que impactam ou são impactadas, internas ou externas à organização, ativas ou passivas em suas participações e relevantes ao sistema de gestão, identificando suas necessidades atuais e futuras e suas expectativas.
> **Análise de contexto da organização:** na análise do contexto externo recomendo considerar requisitos legais, partes interessadas, tecnologias construtivas, ambiente competitivo onde a organização está inserida e economia. Na análise do contexto interno recomendo considerar questões relativas a visão, missão, valores, política do sistema de gestão, cultura e conhecimento organizacional.
> **Riscos e oportunidades:** após o levantamento e a análise dos riscos, é possível estabelecer indicadores-chave relacionados aos riscos estratégicos e operacionais.
> **Cadeia de valor:** permite visualizar os principais processos da organização e descer aos processos críticos para avaliar a necessidade de medir determinadas variáveis que influenciam o desempenho final.

4.12. Conclusão

Para concluir, vimos que processos dependem de pessoas e pessoas dependem de processos: a união dos dois trará uma gestão focada em resultados.

Os sistemas de gestão de qualidade, de meio ambiente, de segurança do trabalho, entre outros, reúnem todo o conhecimento organizacional.

Dentro da visão que eu apresentei no meu capítulo, podemos concluir o quão importante é para uma empresa ter um sistema de gestão.

Hoje em dia, ter um sistema de gestão não é mais um diferencial de marketing, como foi há vinte anos, quando as primeiras empresas do nosso setor começaram a buscar as certificações dos seus sistemas de gestão.

Portanto, ter um sistema de gestão hoje tem que valer a pena, tem que trazer valor agregado para o negócio, tem que ser útil, simples e eficaz.

A seguir compartilho com você algumas dicas e reflexões para que tenha sucesso na implantação dos seus sistemas de gestão.

O primeiro passo consiste na alta direção e no corpo diretivo tomarem juntos a decisão de implantar um sistema de gestão, pois esse desejo tem que ser unânime. E para tomar essa decisão é preciso refletir sobre quais benefícios se quer alcançar com esse trabalho.

Com base nessa reflexão, poderá ser tomada a decisão de seguir ou não adiante.

Tomada a decisão de seguir adiante, pois a empresa enxergou que há muitos benefícios, o segundo passo consiste em reunir a equipe e estabelecer os resultados a serem alcançados para cada processo da empresa. Quando me refiro a processos, pode ser considerada cada área, sendo que uma área pode reunir um ou mais processos.

Feitas essas reflexões, a empresa terá muito mais clareza de onde está e aonde quer chegar.

Primeira etapa concluída, o próximo passo consiste em decidir se os trabalhos serão conduzidos internamente apenas, com a composição de um comitê interno, ou se será contratado um consultor externo para orientar na estruturação e implantação do seu sistema de gestão.

Aqui eu faço um parêntese para alertar a importância de contratar um consultor que não somente tenha experiência na implantação de sistemas de gestão, mas que tenha o "DNA" da empresa e que seja altamente flexível e criativo na busca de soluções para desenvolver com a empresa um sistema de gestão alinhado à sua cultura.

Ao longo do desenvolvimento e da implantação, recomendo levar em consideração todas as dicas e experiências que compartilhei ao longo do meu capítulo e, para cada fase do projeto, recomendo medir os resultados alcançados.

Bibliografia

BOCK, L. **Work Rules:** insights from inside Google. New York: Hachette Group Book, 2015. 416p.

DISNEY INSTITUTE. **Metodologia Disney para excelência em negócios.** São Paulo: Lederman Consulting & Educations, 2014. 25p.

ENDEAVOR BRASIL. **Criando Equipes Altamente Produtivas:** em busca de uma gestão de alto impacto. E-book. São Paulo: Endeavor Brasil, 2016. 40p.

ENDEAVOR BRASIL. **Liderança Inspiradora:** como inovar na gestão de pessoas. E-book. São Paulo: Endeavor Brasil, 2016. 22p.

FNQ. **Modelo de Excelência em Gestão:** instrumentos de avaliação da maturidade da gestão. 21.ed. São Paulo: Fundação Nacional da Qualidade, 2017. 86p.

HERSEY, P.; BLANCHARD, K. **Psicologia para Administradores:** a teoria e as técnicas da liderança situacional. São Paulo: EPU, 1986. 428p.

HUNTER, J. C. **O Monge e o Executivo:** uma história sobre a essência da liderança. Rio de Janeiro: Sextante, 1989. 144p.

NBR ISO 31000:2015 – Gestão de Riscos: Princípios e Diretrizes. São Paulo: ABNT, 2009. 24p.

NBR ISO 9001:2015 – Sistema de Gestão da Qualidade: Requisitos. 3. ed. São Paulo: ABNT, 2015. 32p.

5. Soluções técnicas e métodos construtivos

Guilherme Petrella
Entrevistado: Diogo Campos

5.1. Introdução

Certa vez, um amigo, advogado, reclamou da incompetência da construtora que ergueu o edifício onde instalou seu escritório, no 12º andar, por não ter percebido que a insolação nas quatro faces do prédio não era a mesma, e que, por isso, o sistema de ar-condicionado não devia ser simétrico conforme foi instalado. Complementou ainda que esta era a causa-raiz das constantes brigas pelo controle remoto do ar-condicionado, já que o pessoal das mesas da direita passava frio e o pessoal das mesas à esquerda sentia calor. Guardei por um tempo esse comentário, sabendo que a resposta não era tão simples, mas agora tenho a oportunidade de escrever algo a respeito.

Neste capítulo convido o leitor a refletir sobre como uma solução técnica ou método construtivo nasce em um empreendimento, quando se toma a decisão de adotá-la e o que é levado em consideração para essa decisão. Veremos a interdependência que existe com a gestão de custos, riscos, prazo e qualidade. Como a inovação está inserida nesse contexto? Com exemplos, veremos as dificuldades encontradas ao longo do percurso e propostas de como superá--las por meio de boas práticas de gestão.

5.2. Algumas definições

Método, segundo o dicionário Aurélio, é definido como "processo racional para chegar a determinado fim". Já o termo solução é a "resolução de uma dificuldade, de um problema, etc.".

Assim, no cenário da construção civil, podemos entender que métodos construtivos e soluções técnicas são processos racionais para a resolução e realização de alguma etapa da construção.

Naturalmente, se existe interesse no estudo do assunto, significa que o mercado vem disponibilizando novas formas de realizar cada etapa da construção.

5.3. A extensão, os *drivers* e os impulsionadores dos métodos construtivos

É comum associarmos o tema a alternativas de grande visibilidade, como a escolha entre adotar uma solução em estrutura metálica *versus* uma estrutura convencional de concreto armado. Há, porém, escolhas por métodos construtivos em detalhes da obra que o cliente nem sequer conseguirá fazer distinção, como na forma de embutimento de conduítes nas alvenarias, que pode ser "rasgando" a parede ou embutindo-os aos poucos, fiada por fiada, por meio dos furos existentes nos blocos. Mas o que, de fato, direciona a busca e a escolha por uma ou outra alternativa técnica?

Existem diversos fatores que estimulam o desenvolvimento de novas tecnologias, a escolha de soluções técnicas e a adoção de um novo método construtivo: a necessidade de redução de impactos ambientais, redução de cronograma, aumento de produtividade, atendimento a uma nova regulamentação, exigências específicas do cliente, busca de melhoria da qualidade do processo e/ou do produto final, adequação ao que o mercado já está praticando, redução de custos para viabilizar o orçamento com o aumento da competitividade no mercado, entre outros, como ilustra a Figura 21.

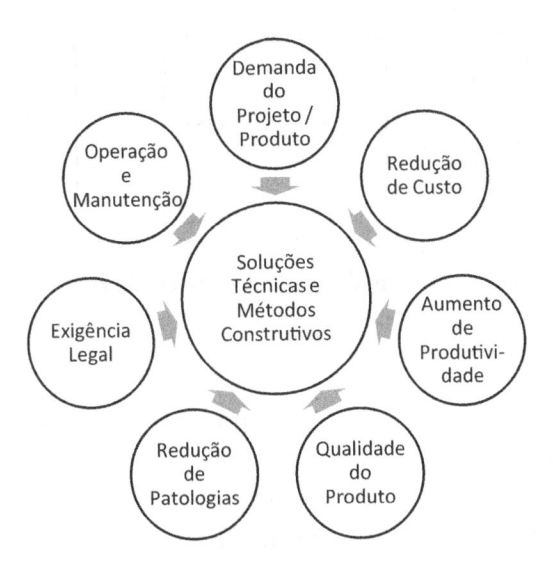

Figura 21. Forças que demandam o estudo de soluções técnicas e métodos construtivos.
Fonte: autor.

Algumas técnicas construtivas são escolhidas com o propósito de reduzir custos (diretos e indiretos), como a decisão de usar argamassa virada em obra em vez de argamassa pronta ensacada. Em uma economia de mercado é possível que o resultado do estudo varie de uma obra para a outra, em função da oscilação dos custos dos insumos, da produtividade da equipe e do volume de material a ser empregado.

Não podemos deixar de mencionar, neste grupo, que existem decisões que levam em consideração não só o custo da obra, mas também o tempo de vida da edificação pronta, que é bem mais longo. Assim, o acabamento do piso de uma garagem comercial deve levar em conta uma solução que priorize a durabilidade, para evitar que o condomínio tenha gastos frequentes e elevados de manutenção. O mesmo deve ser pensado sobre as soluções para a fachada de um prédio: o revestimento desbota rápido e acumula sujeira, deixando o prédio com aspecto de velho em poucos meses? A limpeza dos vidros depende da contratação de profissionais especializados? Tudo isso gera gastos, sejam preventivos ou corretivos, que, se ficarem relevantes nas despesas do condomínio, farão com que o ativo perca valor ao longo do tempo. A Figura 22 ilustra, de modo geral, quanto dura o ciclo de vida de uma edificação, em anos.

```
[Fases Viabilidade,      [Fase Construção:     [Fase Operação:
 Definição de             2 anos]               50 anos]
 Produto e
 Desenvolvimento
 de Projetos:
 2 anos]
```

Figura 22. Tempo aproximado das fases do ciclo de vida de um edifício.
Fonte: autor.

A qualidade também é um fator-chave para que uma decisão seja tomada entre uma solução técnica e outra. Aplicar uma moldura pré-fabricada em uma fachada, por exemplo, pode garantir uma uniformidade estética muito superior ao trabalho manual feito por diferentes profissionais. Na parte interna da edificação, diversas empresas não abrem mão de que o gesso liso em paredes seja do tipo sarrafeado com uso de taliscas, ainda que a execução dessa técnica custe mais, já que o método de aplicação do tipo desempenado não consegue garantir a mesma planicidade. Nesse grupo se enquadram também aquelas soluções que garantem menos patologias e maior facilidade de manutenção preventiva e corretiva. Outros exemplos: o uso de *shafts* em vez do embutimento de tubulações em alvenarias e o uso do sistema PEX (polietileno reticulado, flexível) de distribuição hidráulica em vez do sistema convencional (com tubos e conexões de materiais rígidos, como PVC e cobre).

Métodos construtivos podem causar um forte impacto na produtividade dos serviços. Nesses casos, é comum verificar o aumento no desempenho em serviços por causa do uso de equipamentos em substituição ao trabalho manual, além da adoção de ferramentas de alta produtividade. Como exemplos, temos a abertura de valas manualmente, que pode ser substituída por uma retroescavadeira, e o uso de contrapiso autonivelante em substituição à tradicional "farofa" (argamassa com baixa umidade), entre outros.

Um dos maiores *drivers* na escolha de métodos construtivos para uma obra é o cronograma, já que alternativas técnicas podem modificar o caminho crítico, eliminar etapas e reduzir prazos. O chamado plano de ataque da obra determina os métodos construtivos para diversas atividades, como as etapas de corte e aterro do movimento de terra, a sequência e a quantidade de equipamentos e equipes das fundações e contenções, a estratégia de execução da fachada (quantos panos, quantas subidas e descidas do andaime fachadeiro), se o contrapiso será feito antes ou depois da elevação das alvenarias, etc.

Por outro lado, será que cada um dos fatores listados anteriormente é determinante para a escolha de um método ou de uma solução isoladamente? Quantas vezes já foram feitos estudos sobre uso de silos de argamassa em obra? Por que ora é vantajoso e ora não é? Pegando esse exemplo, revistas especializadas já apresentaram diversos artigos a respeito e vemos que diversos fatores contribuem para a decisão: aumento de produtividade, redução de áreas de estocagem e de atividades de manuseio dos materiais, eficiência no controle do traço, otimização do transporte vertical e horizontal de materiais na obra, custo direto e indireto da solução, entre outros.

Por fim, um projeto desafiador pode demandar que soluções técnicas sejam desenvolvidas, testadas e validadas. Recentemente deparei com um projeto residencial que previa tijolinho com junta seca na fachada. Tijolinho na fachada tudo bem, tijolinho com junta seca, sem problemas... agora, tijolinho com junta seca na fachada... fiquei preocupado! Mas a engenharia está aí para isso. Juntamos consultor de fachada, produtor de tijolo, arquiteto, construtora, laboratório e começamos a trabalhar. Depois de elencados todos os desafios e apresentadas soluções técnicas para enfrentá-los, a realização de um protótipo em escala real com testes de arrancamento foi o determinante para a aprovação do método construtivo.

Nem sempre fica claro para o cliente final qual foi o principal motivador para uma determinada decisão. Por exemplo, um produto entregue com aquecimento solar: em São Paulo, de acordo com a lei nº 14.459, de 03 de julho de 2007, assim como em outros municípios, é exigida a entrega do sistema funcionando a partir de uma quantidade de banheiros por apartamento, então o *driver* seria o atendimento a uma exigência legal, apesar da comunicação das empresas explorar bastante questões como preservação ambiental e redução de custos operacionais (que não deixam de ser verdadeiras, mas que não foram determinantes para a decisão).

Voltando ao caso da introdução do capítulo, o que teria levado àquele resultado do ar-condicionado desbalanceado? É fácil imaginar uma história, sem que tenha havido incompetência por parte da construtora, como teria sugerido o advogado.

Antes da construção do prédio, um projetista de ar-condicionado deve ter desenvolvido uma solução, de forma compatibilizada com a arquitetura e com as demais disciplinas, sem saber ao certo quem seria o usuário de cada andar. Certamente foi estudada a insolação do local, questionada a eficiência térmica dos vidros a serem utilizados e foram discutidas as tecnologias disponíveis, tendo sido escolhida a mais adequada para aquele edifício. A solução seria flexível o bastante para atender aos mais diversos usos e leiautes. Durante a obra, ainda sem o usuário definido, a construtora deve ter se esmerado para deixar a infraestrutura necessária para evitar quebra-quebra de paredes pelos futuros ocupantes, mas naquele momento não instalou máquinas nem dutos. Uma vez entregue o empreendimento, cada empresa definiu seu próprio leiaute e tomou suas próprias decisões sobre as instalações de ar-condicionado: marca, tipo de equipamento, quantidade de máquinas, quantidade de sensores de temperatura, definição de zonas, etc. Confrontando a idade do prédio com o tempo de vida do escritório de advocacia desde sua fundação (apenas dois anos), acredito que o imóvel tenha sido usado antes por outra empresa e aquele robusto e caro sistema de ar-condicionado estava sendo aproveitado sem os devidos ajustes pelo escritório de advocacia! Pobre construtora, ficou com a culpa!

A história pode não ter sido essa, mas é interessante ilustrar quantos momentos de tomada de decisão sobre soluções técnicas podem ter havido para um simples item do prédio, o que mostra que nossa vida na construção civil é cheia deles.

5.4. Métodos construtivos e o ciclo de vida do empreendimento

Trabalhei em construtoras por vários anos da minha vida profissional. Éramos acostumados a orçar e executar o que já vinha definido nos projetos, que nos eram entregues prontos pelo cliente. Que curtição era para mim quando um cliente chegava com um papel de pão e dizia simplesmente "é isso que eu preciso", sem projetos, sem nada... o que nos tirava da zona de conforto e colocava a nossa formação técnica à prova.

Anos mais tarde fui trabalhar em uma incorporadora e entendi quanta coisa acontecia antes dos projetos chegarem às mãos da construtora. Meses e meses de estudos de viabilidade, definição de produto, projeto legal, projeto pré-executivo... mais de uma dezena de disciplinas, todas coordenadas e compatibilizadas... aquilo era um "outro bicho" para mim! Constatei que as soluções técnicas e os métodos construtivos mais relevantes eram definidos ali, muito antes do envolvimento das construtoras.

Durante as concorrências para escolha das construtoras para as obras, era comum receber críticas às soluções adotadas pelos projetistas e provocações do tipo "se tivéssemos participado das definições de projeto, teríamos aportado a nossa engenharia para adoção de métodos e soluções mais inteligentes, que teriam contribuído para a realização de um produto melhor e de menor custo". Aquilo me intrigava, pois mesmo nas construtoras que ofereciam o serviço chamado de pré-construção (desenvolvimento de projetos e estimativas de custos), nunca vivenciei as intensas reuniões de projetos multidisciplinares que são rotina em uma incorporadora. Eu resisti por mais de dez concorrências (para contratação de construtoras) até que, em uma delas, uma das finalistas era uma construtora com forte braço na área de projetos. Resolvemos, naquele contexto, que valeria a pena entregar à construtora a responsabilidade sobre a gestão dos projetos técnicos.

Infelizmente a diretoria de obras era uma e a diretoria de projetos era outra, e o meu contrato estava dentro da primeira, que foi quem tocou o assunto adiante, sem a participação da segunda. Não foi uma boa experiência; no fim, percebi que as construtoras têm cacoete de construção e não de projeto! Parece óbvio, mas aprendi testando... e, por que não dizer, errando!

E por que é válido esse aprendizado?

Trago, nos próximos parágrafos, uma série de exemplos que ilustram como são tomadas as decisões sobre métodos construtivos e soluções técnicas em cada fase do ciclo de vida do empreendimento, com uma breve reflexão sobre os motivos de cada uma das escolhas.

Para tanto, vamos refletir preliminarmente sobre a Figura 23:

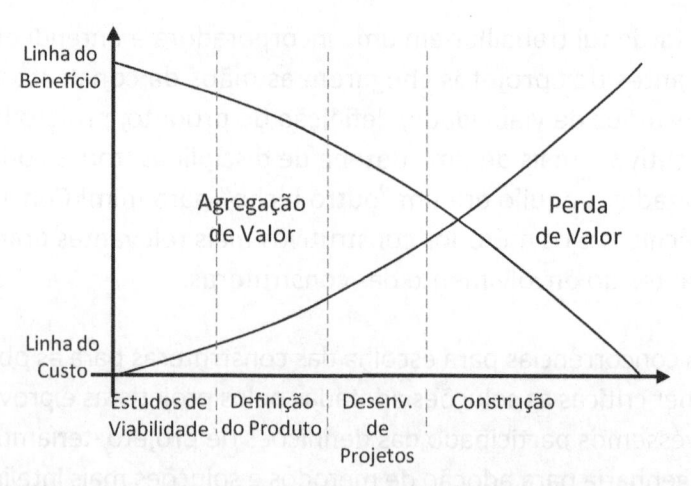

Figura 23. A engenharia de valor ao longo do ciclo de vida do empreendimento.
Fonte: adaptado de <https://www.wbdg.org/resources/value-engineering>.

Para ilustrar o que diz o nosso gráfico, basta pensarmos em uma solução técnica de lajes protendidas: se essa decisão for tomada na fase de anteprojeto, será possível reduzir a espessura da laje acabada, permitindo um pé-direito maior, o que é ótimo. Porém, se essa definição ficar para o momento do início da obra, uma redução de espessura causaria um degrau não desejado, forçando uma compensação por meio de um contrapiso mais espesso e oneroso! Com esse exemplo fica fácil de entender que uma mudança só agrega valor se for definida no momento certo. Caso contrário, a mesma solução é capaz de destruir valor, gerando retrabalho, desperdício e perda de qualidade!

Isso não quer dizer que não sobrem decisões relevantes para serem tomadas sobre métodos construtivos e soluções técnicas na fase de obra. O conceito de planejamento em ondas sucessivas prevê um refinamento progressivo do planejamento da obra, conforme novas informações vão se tornando disponíveis, como ilustrado na Figura 24.

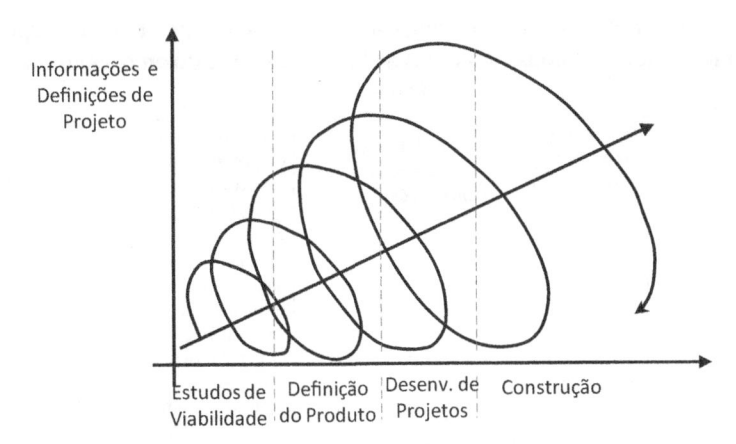

Figura 24. Planejamento em ondas sucessivas ao longo das fases do empreendimento.
Fonte: autor.

Para exemplificar, podemos pensar nas soluções de contenções e fundações para um edifício: já no estudo de viabilidade se pensa nos métodos construtivos e nas soluções técnicas de fundações e contenções, pois elas podem ser muito relevantes no custo total da obra. Sem as sondagens à mão, busca-se informação do solo de terrenos vizinhos para que se possa adotar alguma premissa de solução. Mais tarde, com as sondagens já realizadas e o levantamento planialtimétrico concluído, o planejamento inicial é revisado com base nos dados que se tornaram disponíveis.

Nessa fase, ainda não temos as cargas e a locação dos pilares, mas, assim que essas informações são disponibilizadas, uma nova rodada de planejamento de fundações e contenções é conduzida. Por fim, na obra, durante o acompanhamento do consultor de solos, informações reais sobre o nível do lençol freático, as características do solo e a existência eventual de rochas podem demandar ajustes nas soluções técnicas e nos métodos executivos. Por exemplo, em um projeto de fundação em que se prevê o uso apenas de estacas tipo hélice contínua, poderá haver a substituição de algumas delas por estacas raiz (que são capazes de perfurar rochas), caso sejam encontrados matacões na execução.

Com base nos conceitos de Engenharia de Valor, Ciclo de Vida do Empreendimento e Planejamento em Ondas Sucessivas, a Tabela 9 mostra exemplos de quando e como se decide por um determinado método construtivo em um empreendimento.

Tabela 9. Exemplos de métodos construtivos e soluções técnicas por grupo, com refinamento em ondas sucessivas ao longo das fases do empreendimento.
Fonte: autor.

Grupo	Fase: estudo de viabilidade para aquisição do terreno	Fase: definição de produto e aprovações	Fase: desenvolvimento de projetos pré-executivos e executivos	Fase: construção
01 – Serviços técnicos, implantação do canteiro e administração da obra	Atribuição de um percentual destinado a projetos com base em média histórica; custos de canteiro e adm. da obra estimados com base em parâmetros de outras obras similares.		Apoio de consultores, projetistas e construtoras para estudos e definições sobre métodos construtivos; projetistas definem testes, ensaios, protótipos e amostras a serem aprovados; plano de ataque define custos de equipe, de implantação e administração do canteiro, bem como de equipamentos de transporte vertical e horizontal da obra.	Plano de ataque da construtora revisa as premissas adotadas nas fases anteriores, buscando soluções e métodos que otimizem o custo e o prazo.
02 – Movimento de terra	Estimativas com base no volume de escavação obtido pela confrontação do levantamento topográfico com a volumetria da edificação pretendida.	Definição de produto deve receber contribuições da engenharia de valor (ex.: qual a diferença de custo de executar os níveis de garagem enterrados ou como sobressolos); plano de ataque determina volumes de bota-fora, necessários para aprovação do projeto (1)	Refinamento do plano de ataque permite otimização de custos.	Realidade da obra substitui premissas por fatos, demandando ajustes finos para garantia da produtividade e do atendimento ao orçamento (ex.: necessidade de troca de solo, decisão sobre abertura de valas manualmente ou com retroescavadeira).
03 – Fundações e contenções	Premissas de tipos de fundações e contenções adotadas com base nas informações disponíveis, como visita a vizinhos, análise de sondagens de solo de terrenos próximos e expectativas do consultor de solos.	Com sondagens e levantamento planialtimétrico realizados no local, soluções técnicas de fundações e contenções são definidas, subsidiando estudos mais realistas de prazos e custos.	Com as cargas e o lançamento de pilares, as fundações são dimensionadas, permitindo refinamento de custos.	Realidade da obra substitui premissas por fatos (ex.: tipo e resistência do solo; nível d'água), demandando ajustes orientados pelo consultor de solos, que podem levar à adoção de soluções executivas complementares (ex.: adoção de taludes para contenções provisórias; reforço de fundações com estacas raiz).

Grupo	Fase: estudo de viabilidade para aquisição do terreno	Fase: definição de produto e aprovações	Fase: desenvolvimento de projetos pré-executivos e executivos	Fase: construção
04 – Estrutura	Premissas nesta fase normalmente contemplam soluções de concreto armado, convencionais.	Projeto arquitetônico pode demandar soluções não convencionais, como estrutura metálica aparente ou concreto aparente, exigindo que estudos de custos (mesmo que ainda paramétricos) acompanhem o desenvolvimento do produto para manutenção da viabilidade econômica; necessidades do negócio podem valorizar a redução de prazo, viabilizando a adoção de estrutura metálica ou de concreto pré-fabricado.	Desenvolvimento dos projetos permite conhecer os quantitativos e, finalmente, dominar o custo da solução adotada. Ajustes nas demais disciplinas podem ser necessários em função do custo (ex.: eliminar vigas de transição no térreo ou no subsolo).	Tipos de fôrmas e escoramentos são vastamente estudados, para otimização de produtividade (ciclos e setorização das concretagens) e custo (quantidade de usos da mesma fôrma x qualidade do material a ser empregado). Controle da qualidade pode apontar não conformidades que indiquem a necessidade de reforços na estrutura (neste caso, o método é definido pelo projetista, com participação da construtora).
05 – Fechamentos	Premissas nesta fase normalmente contemplam soluções convencionais de alvenaria de blocos cerâmicos ou de blocos de concreto.	Produto pode ser concebido com fechamentos em painéis pré-moldados, mudando as premissas da fase anterior (estudos de custos acompanham o desenvolvimento do produto para garantia da manutenção da viabilidade econômica).	Projetos podem demandar soluções técnicas (Ex.: grauteamento de paredes para atender ao desempenho acústico; adoção de fechamento de *shafts* em *dry-wall* para otimização de área privativa).	Métodos construtivos são determinantes para garantir produtividade, eficiência e qualidade final do produto (ex.: adoção de projetos executivos de alvenaria com uso de blocos de concreto modulares; ferramentas e equipamentos contribuem com a produtividade (ex.: transporte vertical com uso de *pallets*; transporte horizontal com uso de carrinhos específicos para este fim).

Grupo	Fase: estudo de viabilidade para aquisição do terreno	Fase: definição de produto e aprovações	Fase: desenvolvimento de projetos pré--executivos e executivos	Fase: construção
06 – Esquadrias e vidros	Estudos de viabilidade técnica devem fornecer premissas de produto com impacto no custo (área envidraçada, nível de atendimento pretendido de desempenho acústico, tipo de guarda-corpo esperado, entre outros).	Com a definição do produto, todas as premissas da viabilidade podem ser descartadas, mas, para isso, os estudos de custos devem acompanhar e validar as mudanças.	Esta fase é caracterizada pela intensidade de estudo de métodos construtivos, que envolvem demandas da arquitetura e da acústica, alternativas dadas pelo projetista de caixilhos, preferências construtivas da construtora (ex.: uso mandatório de contramarcos), custo (ex.: linhas dos perfis, espessuras e tipos de vidros) e qualidade (métodos já ensaiados que comprovem o atendimento às normas).	É normal surgirem alternativas construtivas durante o processo de concorrência e contratação do fornecimento e instalação de esquadrias. A obra tem autonomia para tais ajustes, contando com o apoio do projetista e do executor.
07 – Impermeabilização	Premissas nesta fase normalmente contemplam soluções convencionais.	Nesta fase são conhecidos os quantitativos das áreas de cada tipo (terraços descobertos, terraços cobertos, banheiros, reservatórios, etc.), mas ainda são mantidos nas premissas os métodos convencionais.	Para comprovação do atendimento à norma, ter um projeto específico com recolhimento de ART é fundamental. Nesta fase, os estudos são para garantir o desempenho e a durabilidade, no menor custo possível, atendendo às espessuras entre nível osso e nível acabado, sem prejudicar a produtividade da execução.	Durante a obra, é frequente que engenheiros e fornecedores proponham alterações nas especificações de projeto para adotar métodos com os quais estão mais acostumados, que custem menos ou que garantam maior produtividade. É fundamental submeter para aprovação prévia do projetista.
08 – Revestimentos	Nível de acabamentos é uma das premissas do estudo de viabilidade econômica.	Nível do produto determina alguns métodos construtivos em função do seu resultado final (ex.: gesso liso desempenado ou gesso liso sarrafeado; paredes das garagens revestidas ou pintadas sobre blocos).	Durante a compatibilização dos projetos das diversas disciplinas, ajustes nos métodos construtivos são realizados (ex.: para garantir nível acabado dos pisos, podem ser demandadas soluções alternativas de impermeabilização, de isolamento acústico ou método de execução do contrapiso).	Com base no espaço disponível no canteiro, no custo dos materiais e da mão de obra, estudos são realizados para determinar soluções como argamassa "virada" em obra *versus* argamassa pronta ensacada, uso de silos de argamassa, entre outros.

Grupo	Fase: estudo de viabilidade para aquisição do terreno	Fase: definição de produto e aprovações	Fase: desenvolvimento de projetos pré--executivos e executivos	Fase: construção
09 – Fachada	Estudos de viabilidade técnica devem fornecer premissas de produto com impacto no custo do revestimento da fachada (ex.: pintura sobre massa, textura, fachada ventilada, etc.).	Com a definição do produto, todas as premissas da viabilidade podem ser descartadas, mas, para isso, os estudos de custos devem acompanhar e validar as mudanças.	Plano de ataque da fachada determina prazo total de execução, bem como equipamentos que serão usados.	Método executivo deve atentar para como o controle de qualidade poderá ajudar a evitar retrabalhos, que são onerosos quando se trata de fachada.
10 – Instalações	Premissas nesta fase normalmente contemplam soluções convencionais.	Com a definição do produto e a necessidade de aprovação do projeto, muitas premissas construtivas são adotadas nesta fase, como: tipo de instalações elétricas (ex.: *busway* ou cabos) e hidráulicas (ex.: PEX ou convencional, com reservatório superior ou com linhas pressurizadas); tipo de ar-condicionado (*split* ou VRV); tipo de aquecimento de água (central ou privativo, de passagem ou de acumulação, elétrico, a gás, solar ou híbrido).	Durante a compatibilização dos projetos das diversas disciplinas, ajustes nos métodos construtivos são demandados (ex.: isolamento acústico da tubulação).	Embutimento de conduítes nas alvenarias, que pode ser "rasgando" a parede ou embutindo aos poucos, fiada por fiada, através dos furos existentes nos blocos; chumbamento de caixinhas de elétrica, que pode ser quebrando a alvenaria com talhadeira ou usando serra-copo; durante escavações, podem ser descobertas tubulações de esgoto ou águas pluviais de vizinhos, demandando soluções executivas normalmente propostas pela equipe da obra e validadas pelos projetistas.
11 – Equipamentos		Elevadores disponíveis no mercado têm métodos de montagem e instalação diferentes (ex.: com ou sem casa de máquinas). Esta escolha impacta, por exemplo, na algura da última parada, que precisa estar representada adequadamente no projeto legal.	Logística da obra deve ser antecipada, para garantir, por exemplo, que um grande gerador possa ser transportado e instalado antes da execução das alvenarias.	Plano de ataque determina se um elevador será ou não usado durante obra, demandando assim antecipação de sua entrega, proteção de sua cabine, entre outros cuidados.

Grupo	Fase: estudo de viabilidade para aquisição do terreno	Fase: definição de produto e aprovações	Fase: desenvolvimento de projetos pré--executivos e executivos	Fase: construção
12 – Paisagismo		Projeto legal deve atender às exigências ambientais (ex.: plantio compensatório, área permeável mínima) e de acessibilidade (ex.: rampas, corrimãos, plataformas elevatórias).	Projetos devem absorver métodos construtivos com foco em evitar patologias (ex.: drenagem, impermeabilização, soluções técnicas para evitar eflorescência, soluções para embutimento e futura manutenção da infraestrutura de elétrica e hidráulica nos jardins, técnicas para evitar trincas nos pisos em função da movimentação da laje, etc.)	Métodos executivos são escolhidos em função da logística da obra, para garantir produtividade e limpeza no transporte da terra.

(1) Necessário para aprovação de projetos em São Paulo. Pode não ser aplicável a outros municípios.

Em cinza, definições iniciais não beneficiadas por estudos de soluções técnicas e métodos construtivos.

Em cada exemplo ilustrado na Tabela 9 é possível identificar um ou mais *drivers* apresentados na Figura 21.

5.5. A qualidade como fator crítico de sucesso

Se estamos falando de inovações, alternativas técnicas e diferentes métodos construtivos, é de se esperar que, em uma equipe composta por engenheiros, mestres, encarregados e técnicos, alguns nunca tenham experimentado algumas das soluções previstas para uma determinada obra.

Como garantir êxito na implementação de um novo método? A resposta está no planejamento, na garantia e no controle da qualidade.

Convido você a fazer algumas reflexões: sua obra tem um plano de gestão da qualidade? Você já o leu? Domina o seu conteúdo como domina o projeto de arquitetura? Aplica o que lá está determinado, e não de uma forma diferente? Reconhece que aquilo realmente está ajudando no resultado da obra e faz melhorias sempre que necessário?

A realidade que tenho visto nos canteiros de obras e nas conversas com meus alunos da pós-graduação deixa claro que ainda estamos introduzindo a cultura da gestão da qualidade nos canteiros de modo lento, sendo vencidos pelas primeiras resistências, ainda que, em muitos casos, possamos constatar selos de certificação de qualidade nessas empresas.

É interessante olhar para o setor da construção civil e avaliar de que forma vem evoluindo. Nenhum assunto evolui sozinho, nem a qualidade, nem os métodos construtivos, nem a adoção de equipamentos de alta produtividade. Em julho de 2013 passou a ser obrigatório o atendimento da chamada Norma de Desempenho, a ABNT NBR 15575, cujos estudos se desenvolveram a partir do início dos anos 2000. Desde então, uma série de mudanças aconteceu. Seguem dois exemplos dessa evolução e de como a qualidade tem papel fundamental para sua implementação:

> **Desempenho acústico:** empresas passaram a se preocupar com a comprovação do atendimento ao conforto acústico, passando a contratar projetos específicos com recolhimento de RRTs[12] e ARTs[13], medições de acústica do local da futura construção e aferições depois da obra pronta. Soluções de projeto mudaram com a adoção de lajes mais espessas ou contrapisos com mantas de atenuação de ruído. Tubulações passaram a ser envelopadas com materiais atenuadores de ruído ou, ainda, passaram a contar com tubos e conexões já desenvolvidos para esse fim. Até o bloco de vedação, em muitos casos, mudou, pois, para garantir o desempenho, nada mais adequado do que usar materiais já ensaiados e com propriedades acústicas conhecidas e comprovadas. Esquadrias de alumínio, espessura dos vidros e borrachinha de vedação nas portas de madeira são agora objeto de dimensionamento e aferição de desempenho.

> **Estanqueidade:** mesmo sendo o campeão em patologias, conforme registrado pelos departamentos de assistência técnica e garantia das construtoras, o que observamos ao longo do tempo é que cada construtora desenvolveu seu jeito de lidar com o assunto impermeabilização, quase sempre aprendendo com os erros e acertos, sempre buscando o melhor equilíbrio entre custo de prevenção e custo de

---

[12] Registro de Responsabilidade Técnica, que se faz junto ao Conselho de Arquitetura e Urbanismo do Brasil (CAU/BR).
[13] Anotação de Responsabilidade Técnica, que se faz junto aos Conselhos Regionais de Engenharia e Agronomia (CREA) de cada estado brasileiro.

correção. Com a Norma de Desempenho em vigor, se a construtora não quiser ter problemas, deverá comprovar que o sistema de impermeabilização foi dimensionado e executado para desempenhar satisfatoriamente sua função por vinte anos. Portanto, é preciso ter os projetos, com recolhimento de RRTs e ARTs, somados ao registro do histórico da execução, com notas fiscais dos materiais, relatórios fotográficos da instalação e relatórios dos testes de estanqueidade: essas informações passam a integrar o arquivo da obra, de modo que possam ser consultadas por muitos e muitos anos, em uma comprovação de responsabilidade e boa-fé.

Com apenas dois exemplos, acredito ter ficado claro o papel fundamental do desenvolvimento e da implementação rigorosa de um plano da qualidade em uma obra no cenário atual. Mas como sair da inércia? Tenho dicas simples, que mais uma vez nascem muito antes da obra começar: há três anos passei a cobrar dos projetistas que cada um incluísse nas primeiras pranchas, desde as emissões iniciais dos seus projetos, todos os critérios de aceitação, protótipos a serem aprovados, ensaios e testes a serem realizados, de forma que pudessem ser facilmente identificados. Com isso, as construtoras puderam incluí-los no escopo, no custo e no prazo das obras, evitando surpresas desagradáveis durante a execução. Além disso, montar o plano da qualidade nunca foi tão simples, pois a maior parte dos itens a serem controlados já estava devidamente listada e com critérios definidos!

5.6. Métodos construtivos – abordagens não técnicas

Já vimos que soluções técnicas e métodos construtivos são estudados ao longo do ciclo de vida do empreendimento, sendo aprimorados em ondas sucessivas. O que veremos agora é que questões não previstas nas plantas e especificações também podem influenciar suas escolhas. Seguem alguns exemplos:

O que um contrato, geralmente elaborado por advogados, tem a ver com os métodos construtivos da minha obra?

> ➤ Seu contrato prevê algum tipo de incentivo (ex.: bônus) para a melhoria do desempenho ou redução do prazo de entrega ou do custo

do produto final? Só assim você estimulará o fornecedor a aportar mais tecnologia, adotar o uso de equipamentos e ferramentas de produtividade e agir de forma a evitar desperdícios e retrabalhos.

O que a gestão de riscos tem a ver com os métodos construtivos da minha obra?

> Ao identificarmos antecipadamente uma ameaça ou uma oportunidade, temos tempo de buscar alternativas de forma estruturada. Em obras, essas alternativas normalmente se apoiam em métodos construtivos, que impactarão significativamente em custo, prazos e qualidade.

Como a produtividade da mão de obra ou o desperdício de material podem influenciar nos métodos construtivos da minha obra?

> O aprimoramento dos sistemas de gestão das empresas busca a melhoria contínua justamente em métodos construtivos padronizados para atingir metas de redução de desperdício e aumento de produtividade, entre outros indicadores.

Como a garantia pós-obra influencia as tomadas de decisão sobre os métodos construtivos a serem utilizados na minha obra?

> Pensar à frente 1, 2, 5, 10 ou 20 anos é uma obrigação dos engenheiros e demais envolvidos em uma obra. A escolha de soluções técnicas e métodos construtivos deve priorizar a solidez, a durabilidade, a funcionalidade e a minimização de riscos de patologias.

Como a Norma de Desempenho, entre outras, provocam mudanças nos métodos construtivos que vou utilizar em minha obra?

> Para atendimento de novas exigências técnicas, pode se fazer necessária a realização de protótipos e ensaios para comprovação de que a solução planejada atende aos requisitos da norma.

Qual a relação entre a política de qualidade (ou, genericamente, a gestão da qualidade) da minha empresa e os métodos construtivos utilizados em minhas obras?

> Ela pode restringir soluções técnicas àquelas já aprovadas e padronizadas pela empresa; pode solicitar que sejam documentadas as evidências de melhoria dos métodos executivos, entre outros.

O que o Plano Diretor Estratégico ou a Lei de Zoneamento do Município podem gerar de mudanças nos métodos construtivos da minha obra?

> Restrições como gabarito de altura podem demandar soluções técnicas para otimização de pé-direito, como lajes mais finas, contrapiso autonivelante, etc.

Como os fatores urbanos, como a largura de uma via, a conformação dos edifícios vizinhos ou regras de trânsito de um bairro, podem impactar nos métodos construtivos da minha obra?

> Uma rua estreita pode inviabilizar a solução de estrutura metálica por não se conseguir aprovar com a municipalidade a interrupção do trânsito pelo tempo necessário que o guindaste necessita para montagem da estrutura.
> A existência de prédios próximos pode inviabilizar o uso de gruas, devido ao raio de giro da lança invadir a área dos vizinhos.
> Algumas grandes cidades possuem zonas de restrição de circulação de caminhões durante o dia, além de leis que exigem silêncio à noite, exigindo mudanças logísticas e de métodos construtivos.

O que a economia e o microempreendedorismo têm a ver com os métodos construtivos da minha obra?

> A economia aquecida impulsiona a abertura de novas empresas, incentiva o surgimento de novos entrantes, brasileiros e estrangeiros, e viabiliza investimentos em pesquisa e desenvolvimento, treinamento e capacitação, permitindo que o mercado possa oferecer e absorver inovações e soluções não baseadas somente no menor custo.
> Por meio do microempreendedorismo podem surgir soluções inteligentes de aplicação de materiais usando ferramentas e equipamentos de alta produtividade e qualidade. Com a forte crise sofrida entre 2014 e 2017, muitos profissionais perderam a estabilidade de seus empregos e montaram seus próprios negócios, dentro de suas áreas

de especialização. Prestando serviços de curta e média duração, tornaram-se um custo esporádico para as empresas e buscaram agregar tecnologia e produtividade como diferenciais competitivos. É uma tendência sem volta, que já ocorre em outros países.

Como a decisão de entregar um apartamento com revestimento de piso nos quartos pode custar menos e ainda afetar uma solução técnica da minha obra?

> ➤ Há casos em que entregar um piso flutuante (ex.: carpete de madeira) nas áreas dos dormitórios fica mais interessante financeiramente do que entregar o apartamento com manta acústica e contrapiso. Isso porque o piso flutuante tem boas propriedades acústicas e, quando entregue executado, pode tornar desnecessário o uso de manta, além de ter sua aplicação muito rápida, fora do caminho crítico, limpa e com desembolso só no final da obra. O cliente final tem um gasto a menos ao receber a unidade e ainda pode escolher o seu acabamento!

5.7. Métodos construtivos e a inovação

Ao mesmo tempo em que temos a sensação de que o setor da construção civil é pouco impactado por inovações, a palavra "disruptivo" passou a fazer parte do nosso vocabulário.

A inovação no setor da construção tem origem nos mais diversos elos da cadeia de valor: uma demanda da sociedade que vira uma nova lei e obriga mudanças nas práticas do mercado; uma exigência de uma grande empresa a ser seguida por suas prestadoras de serviço; uma solução que nasce das mãos de um projetista ou da criatividade de um profissional da obra; o aprimoramento de um produto de um fornecedor; do resultado de um projeto de pesquisa científica, seja dos laboratórios privados, seja de um *campus* universitário, ou ainda de uma equipe de jovens que se conheceram em um espaço de *coworking* onde estabeleceram sua *startup* e foram "acelerados" em uma incubadora!

Já é rotina sermos impactados e ficarmos encantados com artigos e vídeos a respeito de vidros inteligentes que mudam de cor, projetam imagens, são sensíveis ao toque e fotovoltaicos que permitem aproveitar as grandes áreas da fachada para geração de energia; bioconcreto que se regenera por meio da ação de bactérias em contato com a água; capacete com realidade aumentada que dá informações de projetos e materiais da obra; robôs que assentam alvenaria com precisão, economia de material e alta produtividade; drones que fazem o registro aéreo do andamento físico da obra; estradas que aproveitam a energia cinética dos carros para geração de energia; internet das coisas, que pode nos informar se existe algum vazamento na rede de gás, e em que trecho ele está, por meio de sensores conectados à internet; inteligência artificial aplicada à medição de produtividade da obra, impressoras 3D para construção de casas e até pontes metálicas, e mais um monte de inovações.

Recentemente participei de um processo de integração da cadeia de valor promovido por uma instituição bastante conhecida do mercado da construção. O tema era impermeabilização. Inicialmente contribuí respondendo a uma pesquisa e, dias mais tarde, recebi uma visita de um representante da empresa com os resultados do trabalho.

O diagnóstico mostrou como estamos atuando de forma esquizofrênica: uma norma exige estanqueidade por vinte anos mas não diz como atingi-la; um projetista que não produz material não executa o serviço de aplicação do material e não dá garantia sobre tal serviço faz um projeto e se responsabiliza por ele; uma construtora que tem a impermeabilização como campeã de gastos de assistência técnica pós-obra resolve questionar o projeto proposto, pois prefere adotar as práticas que "sempre funcionaram"; contratar um fornecedor que só dá garantia sobre a impermeabilização, mas não sobre o que vai sobre ela (ex.: um piso de mármore), que, por sua vez, aplica os materiais especificados usando práticas próprias que, segundo ele, são melhores do que as especificadas no manual do produto! Tem que dar errado mesmo!

Ouvindo incorporadores, projetistas, construtores, patologistas, aplicadores e fornecedores de material, a empresa disponibilizou os resultados para um fornecedor especializado no desenvolvimento de produtos para impermeabilização e este buscou a solução para todo o ciclo de vida da impermeabilização: desenvolveu um produto para cada tipo de área a ser impermeabilizada e procedimentos de aplicação que atendam à norma; oferece o projeto gratuitamente, indicando qual dos seus produtos deve ser aplicado em cada área, e entrega o procedimento de aplicação; indica aplicadores já treinados ou oferece gratuitamente o treinamento da equipe; supervisiona a aplicação dos produtos; oferece garantia do produto.

Nada pode ser mais perfeito? E por que não está sendo vastamente usado? Pelo simples fato de que ainda não foi testado por vinte anos e não foram realizados ensaios em laboratórios que atestem essa durabilidade nas mais diversas condições previstas em uma edificação, como movimentações da estrutura, aquecimento e resfriamento das superfícies, envelhecimento dos materiais, eventual reação química entre eles, etc. O que falta para resolver essa situação? Um pouco mais de investimento em pesquisa e desenvolvimento, de forma que os laudos possam atestar seu funcionamento e durabilidade por vinte anos, pelo menos! Falta pouco... e estão no caminho certo: o da inovação com integração da cadeia de valor!

Sendo um setor importante para o crescimento econômico do país, a construção deve estar em constante evolução, que não necessariamente deve ser medida pelos níveis de emprego que o setor gera, mas em planejamento, controle produtivo, redução de impactos ambientais, uso de tecnologias e métodos construtivos, inovações tecnológicas e de processos, investimento em pesquisa e desenvolvimento, educação, qualificação profissional, normalização e fiscalização.

5.8. Como ser um agente da evolução?

Como evoluir nos métodos construtivos, seja no âmbito da engenharia nacional, na visão do empresário/gestor ou no papel de um engenheiro envolvido com uma obra?

Em 2000, visitei diversas obras na Alemanha e na Holanda. O primeiro impacto eu tive de dentro do carro, no trajeto até a primeira obra: percebi que pequenas obras residenciais unifamiliares contavam com equipamentos como minigruas. Imagino as onerosas consequências para o cidadão que resolvesse descarregar areia e brita em uma calçada qualquer da cidade, interditando a passagem ou restringindo a segurança dos pedestres! Ao chegar na primeira obra, olhei para o relógio e constatei que não podia ser hora de descanso, mas onde estariam os operários? Esclareceram que se tratava de uma obra no pico de sua produção. Ao rodar pelo canteiro, vi muito material sendo transportado por máquinas operadas por *joysticks* e não sendo carregados por humanos, vi peças sendo montadas e não moldadas *in loco*... essas práticas refletem em muito menos gente no canteiro (menos riscos laborais e trabalhistas), prazos muito mais curtos, qualidade do produto final muito mais previsível. Mas ainda não vejo obras do mesmo porte serem assim aqui no Brasil.

Faço um paralelo com o mercado automobilístico, que eu tanto gosto. De acordo com Mendes (2009),

> "Nos Estados Unidos o *air bag* se tornou item obrigatório nos veículos em decorrência da norma 208 do NHTSA – *National Highway Traffic Safety Administration* (Administração Nacional de Segurança do Tráfego Rodoviário) – de 1984, que previu a implantação gradual do sistema nos automóveis de 1987 a 1990."

No Brasil, ainda segundo Mendes (2009),

> "O Código de Trânsito Brasileiro foi alterado pela Lei nº 11.910 de 18 de março de 2009, que acrescentou ao seu artigo 105 o inciso VII, juntamente com os parágrafos 5º e 6º, de modo a instituir a obrigatoriedade do *air bag*[1], com a seguinte redação:
>
> "Art. 105. São equipamentos obrigatórios dos veículos, entre outros a serem estabelecidos pelo CONTRAN: (...)
>
> VII – equipamento suplementar de retenção – *air bag* frontal para o condutor e o passageiro do banco dianteiro. (...)
>
> § 5º A exigência estabelecida no inciso VII do *caput* deste artigo será progressivamente incorporada aos novos projetos de automóveis e dos veículos deles derivados, fabricados, importados, montados ou encarroçados, a partir do 1º (primeiro) ano após a definição pelo Contran das especificações técnicas pertinentes e do respectivo cronograma de implantação e a partir do 5º (quinto) ano, após esta definição, para os demais automóveis zero quilômetro de modelos ou projetos já existentes e veículos deles derivados."

Como é possível perceber, o uso de *air bags* em veículos se tornou obrigatório no Brasil praticamente um quarto de século mais tarde do que nos Estados Unidos!

Tudo isso, em princípio, seria fácil de copiar (aprovação de leis, uso de equipamentos, etc.). Por que, então, até hoje as coisas demoram tanto a acontecer no Brasil?

A evolução do mercado normalmente acontece de cima para baixo, sendo alimentada de forma cíclica: a sociedade pressiona o governo, que aprova leis; o governo cobra boas práticas das grandes empresas, que replicam as obrigações para as médias empresas, que por sua vez exigem o mesmo de seus pequenos fornecedores; chegando produtos e serviços à população, esta se mobiliza para obter melhorias e o ciclo continua. Porém, um combustível importante é a economia aberta, com livre concorrência e em desenvolvimento. É ela quem aquece, promove, patrocina e estimula estudantes, profissionais, empresas, instituições sem fins lucrativos, órgãos do governo, universidades, ou seja, toda a cadeia de valor, a se mobilizar para grandes saltos.

Inserida em uma economia de país em desenvolvimento, caracterizada por fortes desníveis socioeconômicos e altas barreiras de importação de equipamentos e de tecnologia até o final do século XX, aliada a baixos salários e fraca cultura de pesquisa e desenvolvimento, a construção civil brasileira, no setor de edificações imobiliárias, sempre esteve muito distante da tecnologia de ponta, do uso de equipamentos de alta produtividade e dos métodos construtivos mais inovadores, se comparada com o mercado da construção civil dos Estados Unidos, da Alemanha, do Japão e, recentemente, da China, entre outros países desenvolvidos e em desenvolvimento.

Quando, então, conseguiremos nos aproximar do estado da arte na construção? O que fazer para chegarmos lá?

Além de investimento em educação, que é a resposta mais certa para médio e longo prazo, podemos começar eliminando nossas próprias barreiras: gosto muito da abordagem do *PMBOK® Guide* para a gestão de projetos, programa e portfólio, pois quando impomos um amadurecimento para a nossa gestão movimentamos a cadeia de valor à nossa volta para progredir na mesma direção:

> ➢ Envolver *players* da cadeia de valor para identificar soluções que possam viabilizar tecnicamente e economicamente um empreendimento, mesmo antes da aquisição do terreno. Desde o início devemos nos cercar daqueles que encontram soluções!

- Entender o ciclo de vida do empreendimento (existem fases antes, durante e depois da obra) e como ele interfere na tomada de decisão sobre soluções técnicas e métodos construtivos. Devemos reconhecer que o planejamento é feito em ondas e buscar a melhoria contínua, refinando as soluções até quando forem executadas.
- Dominar a integração das áreas de conhecimento para garantir as melhores decisões técnicas e construtivas, balanceando tempo, custo, qualidade e riscos. Assim erraremos menos!
- Desenvolver o plano de ataque "costurando" todas as soluções executivas. É esse planejamento que vai evitar escolhas de métodos construtivos inadequados.
- Buscar sempre alternativas técnicas no mercado e fazer os estudos de impacto em custo, prazo e qualidade. Essa é a engenharia de valor em ação.
- Pré-qualificar fornecedores, definir critérios eliminatórios e classificatórios para aquisição de bens e serviços. Assim, contrataremos melhor e valorizaremos quem está remando em favor da evolução do setor!
- Adotar modalidades de contratação tipo ganha-ganha, com critérios de aceitação objetivos e cláusulas de bônus e penalidades em função do desempenho. Vamos vencer juntos com quem busca soluções para o bom desempenho!
- Exigir laudos técnicos dos produtos e das certificações de competência técnica e gerencial das equipes; exigir garantias objetivas e executáveis. Quem não estiver preparado poderá se preparar para uma próxima oportunidade!
- Compartilhar riscos com clientes e fornecedores. Eles podem ter soluções técnicas que viabilizem a minimização das ameaças e a maximização das oportunidades.

Além disso, devemos incentivar a pesquisa e a integração da cadeia de valor por meio de:

- Apresentação de trabalhos em congressos.
- Publicação de artigos em revistas especializadas.
- Participação em pesquisas sobre o setor.
- Participação voluntária em grupos de estudos variados, como de organizações sem fins lucrativos e de grupos acadêmicos.
- Privilegiar a contratação e a aplicação de empresas que invistam em pesquisa e desenvolvimento.

O conjunto de boas práticas pode ser comparado à teoria da evolução de Darwin, conhecida como seleção natural, aplicada à construção civil! Quem adotar as melhores práticas sobreviverá e poderá evoluir. Quem não o fizer será eliminado!

5.9. Entrevista: como é a introdução de um novo método construtivo no Brasil

Sócio de uma construtora no Maranhão há 10 anos, Diogo Campos sonha em melhorar o mercado da construção civil. Cansado de uma construção empírica e com pouca evolução tecnológica, há três anos passou a estudar gargalos do sistema produtivo de uma edificação e quais seriam os métodos construtivos para aumentar a produtividade dessas atividades. Identificou que a estrutura, o contrapiso e o reboco são atividades tipicamente do caminho crítico e que, quando concluídas, liberam muitas frentes de serviço: portanto, qualquer melhoria nessas atividades representaria um benefício relevante para as obras.

Depois de bastante estudo, inclusive no exterior, abriu as portas da empresa em Fortaleza, Ceará, que ele mesmo define como sendo de tecnologia para a construção civil, para desenvolver tecnologias, capacitar equipes e orientar empresas. Para o reboco, passou a trabalhar com argamassa projetada e para o contrapiso, aprimorou a técnica do contrapiso autonivelante, existente na Europa desde a década de 1940 e no Brasil desde 1999.

Diogo lamenta o contrapiso autonivelante não ser mais difundido e executado por mais empresas por aqui, o que diminuiria o desconhecimento e a resistência do mercado a essa técnica.

Para chegar nos impressionantes 38% de redução de custo e 79% de redução do prazo de liberação do contrapiso para assentamento da cerâmica, Diogo disse ter fugido das burocracias e trabalhado sem a ajuda de universidades ou laboratórios. Desenvolveu o próprio traço e teve o apoio da empresa precursora do produto autonivelante. Diogo contou ainda com apoio de uma concreteira para a realização dos testes em suas instalações. O Brasil ainda não tem normas para a realização desse serviço, então a proposta é caprichar na elaboração de procedimentos e parâmetros que possam servir de base para um padrão nacional.

Questionado sobre as dificuldades de viabilizar a introdução de novos métodos construtivos no mercado brasileiro, Diogo citou como maior desafio a manutenção de uma equipe depois de terem sido capacitados os profissionais. "As pessoas abandonam o barco por cem reais de diferença no salário!"

Questionado sobre qual seria o momento adequado do ciclo de vida do empreendimento para escolha do contrapiso autonivelante como solução técnica, Diogo esclareceu que, por se tratar de uma tecnologia que permite também a redução de espessuras, o ideal é que seja contemplada desde a fase de anteprojeto, para evitar degraus e aproveitar ao máximo o que a tecnologia oferece.

Comparei seu serviço com outros oferecidos no mercado, não em termos técnicos, mas em termos de abordagem comercial, e o questionei, afirmando que muitos produtos são ofertados sem que tenham sido feitos ensaios e testes ou obtidos laudos e certificados. Diogo informou que está preparando a empresa para atender ao mercado no mesmo nível das empresas europeias, com certificados, laudos de atendimento a normas, amostras, garantias, etc.

Expliquei que, no papel de contratante, não basta a garantia do contrapiso, pois, se algo ocorrer, é o contrapiso que estará na garantia e não o provável revestimento de mármore italiano instalado sobre ele. Com orgulho e a certeza de que já está mudando o mercado para melhor, Diogo explicou que tem essa consciência e que, para cada um de seus trabalhos, contrata seguro de riscos de engenharia no valor de dez vezes o da prestação de serviços, para permitir que a garantia fornecida por ele possa ser honrada com escopo completo.

A aceitação do método construtivo pelo mercado está acontecendo conforme os paradigmas vão sendo quebrados nos diversos níveis de tomada de decisão das construtoras. A primeira obra concluída, de quatro torres com mais de 10.800 m² de contrapiso, abriu as portas para que outro grande projeto adotasse a solução autonivelante para as suas duas torres, que somam mais de 9.600 m² de contrapiso. Com outros contratos já fechados, Diogo apresenta com orgulho os indicadores de melhoria contínua do seu processo, seja no traço da argamassa, no uso dos aditivos superplastificantes, na qualificação contínua da mão de obra ou na aquisição de equipamentos que permitam controle mais fino do bombeamento da argamassa.

Percebi, ao longo da conversa, que as motivações daquele engenheiro bem-sucedido não eram do âmbito financeiro, mas sim a aspiração de deixar um legado, ajudar o setor a melhorar tecnicamente, permitir um canteiro de obras mais limpo, com menos gente, menos desperdício, buscar uma transformação de modo que se possa enxergar em um canteiro de obras algumas das melhores práticas descritas na bibliografia sobre gestão de operações, aproximando-a de uma linha de montagem. Sua própria linguagem já demonstra conhecimento de causa: lembrei do livro "A Meta", de Eliyahu M. Goldratt, sobre teoria das restrições, em que o personagem principal, um gestor de uma fábrica, aprende a melhorar os resultados da sua planta por meio da eliminação sistemática dos gargalos.

Obrigado, Diogo, pelo seu exemplo de esforço no caminho certo!

Figura 25. Contrapiso autonivelante sendo executado pela Planifix na obra UNO Medical, em Fortaleza, Ceará.
Fonte: Diogo Campos.

5.10. Conclusão

Existem diversos impulsionadores para o estudo, o desenvolvimento e a aplicação de soluções técnicas e métodos construtivos. Para que se beneficie das alternativas que a engenharia oferece e que podem agregar mais valor ao seu empreendimento, um gestor deve expandir sua visão além das questões técnicas envolvidas. Entender o que é importante ser definido em cada fase do ciclo de vida e ter a consciência de que o planejamento é feito em ondas sucessivas passam a ser determinantes para o sucesso do prazo, do custo e da qualidade. Com a variedade de possibilidades que o mercado oferece para se chegar ao produto final, o bom gestor deve ainda reconhecer que sua equipe não domina todas as técnicas disponíveis, devendo recorrer à gestão da qualidade para garantir o êxito na implementação das soluções escolhidas, desenvolvendo continuamente a cultura do planejamento, da garantia e do controle da qualidade na obra. Enxergar "de fora da caixa" é uma qualidade esperada dos gestores da engenharia e construção. Assim, identificar as abordagens não técnicas que podem influenciar decisões construtivas é, sem dúvida, um grande desafio para qualquer gestor, por mais sênior que seja, tornando o assunto merecedor de muita reflexão em cada projeto. Inovar é preciso, mas fazê-lo no Brasil parece ser uma questão de heroísmo. Integrar a cadeia de valor para enfrentar a cultura que privilegia o baixo custo em detrimento da excelência técnica, da durabilidade e da busca pela perfeição, além da escassez de recursos aplicados a pesquisa, desenvolvimento e normalização, parece ser o caminho mais adequado. Por fim, quem busca ser um agente da evolução do mercado da engenharia e construção, esteja onde estiver na cadeia de valor, pode acreditar que, ao aplicar as melhores práticas de gestão já catalogadas mundo afora, provocará ondas de progresso à sua volta, seja dentro da empresa, perante os clientes e fornecedores ou ainda forçando a concorrência a evoluir.

Bibliografia

CULLEN, S. W. Value Engineering. **WBDG**, Aug. 02, 2016. Disponível em: <https://www.wbdg.org/resources/value-engineering>. Acesso em: 31 jan. 2018.

DICIONÁRIO AURÉLIO DE PORTUGUÊS ONLINE. Site. Disponível em: <https://dicionariodoaurelio.com/>. Acesso em: 31 jan. 2018.

DISRUPTIVAS E CONECTADAS. **Material transforma janela em painel solar.** s.d. Disponível em: <http://www.ariehalpern.com.br/material-transforma-janela-em-painel-solar/>. Acesso em: 31 jan. 2018.

GOLDRATT, E. M. **A meta:** um processo de melhoria contínua. Barueri: Nobel, 1984. 336p.

MENDES, R. F. O Código de Trânsito brasileiro e a obrigatoriedade do air bag e do ABS. **Âmbito Jurídico,** 2009. Disponível em: <http://www.ambito-juridico.com.br/site/index.php?n_link=revista_artigos_leitura&artigo_id=6218>. Acesso em: 09 mar. 2018.

PMI. **Project Management Body of Knowledge:** PMBOK® Guide. 5th. ed. Newton Square: Project Management Institute, 2013.

PORTAL GRAPHICS. **A internet das coisas na indústria e na construção civil.** 23 mar. 2016 Disponível em: <http://www.portalgraphics.com.br/farol/portalgraphics/blog/noticias/a-internet-das-coisas-na-industria-e-na-construcao-civil/373>. Acesso em: 31 jan. 2018.

PREFEITURA MUNICIPAL DE SÃO PAULO. **Lei nº 14.459, de 3 de julho de 2007.** Disponível em: <http://www3.prefeitura.sp.gov.br/cadlem/secretarias/negocios_juridicos/cadlem/integra.asp?alt=04072007L%20144590000>. Acesso em: 09 mar. 2018.

SANTOS, A. Construção civil é campo fértil à Internet das Coisas. **Massa Cinzenta,** 11 dez. 2014. Disponível em: <http://www.cimentoitambe.com.br/construcao-internet-das-coisas/>. Acesso em: 31 jan. 2018.

6. Gerenciamento financeiro de uma obra

Carlos Henrique Studenroth

6.1. Aspectos gerais

Você já deve ter deparado com a ideia de fazer algo novo, alguma coisa que não existia antes. Adicione a isso a temporariedade, a fixação de um início e de um fim determinados. Estamos falando das características essenciais de um projeto. Talvez você se pergunte se uma obra, mesmo quando muito parecida com outra já feita, também se caracteriza como um projeto. E a resposta é: sim. Ainda que você utilize a base de um projeto anteriormente realizado, ou seja, utilize o mesmo design, a mesma área ou um terreno com as mesmas dimensões, um projeto estará configurado porque as entregas, os objetivos, as partes interessadas, os riscos, o tempo e as estimativas de custo serão distintos.

Para que um projeto seja iniciado, ele deve estar atrelado a uma necessidade organizacional e, de acordo com o *PMBOK® Guide* (Guia do Conhecimento em Gerenciamento de Projetos, do inglês *Project Management Body of Knowledge*), a maioria dos projetos surge devido a uma das necessidades ou demandas a seguir:

- ➤ Demanda do mercado.
- ➤ Oportunidade estratégica ou necessidade do negócio.
- ➤ Solicitação do cliente.
- ➤ Avanço tecnológico.

- Exigência legal.
- Impactos ecológicos.
- Necessidade social.

Havendo necessidade ou demanda para que surja um projeto, os impactos e interesses para a empresa devem ser avaliados sob a ótica financeira, uma vez que somente faz sentido uma empresa existir se conseguir gerar lucro e atender às necessidades de um público específico ou público-alvo.

No decorrer deste capítulo, abordaremos como o projeto ou obra tem início do ponto de vista do negócio (aspectos financeiros), a importância das estimativas de custos e do entendimento dos conceitos principais atrelados aos tipos de custos, a formação do orçamento e como as respostas financeiras aos riscos são importantes para a empresa, fatores internos e externos ao projeto que podem impactar e influenciar o desempenho financeiro de uma obra, bem como fatores econômicos essenciais para um bom planejamento financeiro.

Discutiremos também como é possível controlar os custos de uma obra e ter o objetivo de engajar a equipe de projeto, os gerentes funcionais e as partes interessadas no processo. Por fim, falaremos um pouco dos desafios e das dificuldades existentes e como ajustar a forma de trabalho diante deles.

6.2. A concepção do projeto sob a ótica financeira

Para a avaliação estratégica e financeira de um projeto, utiliza-se um método bastante conhecido, que são os estudos de viabilidade. De acordo com Heldman (2015), há diversas razões importantes para que tais estudos sejam realizados, quais sejam: confirmar se o projeto é viável, medir a probabilidade de seu sucesso ou examinar a viabilidade do produto, serviço ou resultado do projeto. Você certamente deve ter participado de um projeto que foi realizado sem que houvesse um estudo feito, não é verdade? Eu mesmo participei de alguns projetos em que não se tinham de forma clara os objetivos e benefícios esperados atrelados à sua entrega. Quando isso ocorre, a chance de o projeto fracassar é considerável.

As características dos estudos de viabilidade variam de acordo com a necessidade ou demanda que dá origem ao projeto, como esclarecido anteriormente.

Como exemplo, pense em um projeto solicitado pelo seu cliente. Digamos que ele tem por objetivo construir um hotel de luxo e solicitou que a sua construtora seja responsável pela execução de tal feito. Vamos pensar em como você poderá elaborar o estudo de viabilidade sob o ponto de vista da contratada (vamos assumir que o cliente já fez o estudo de viabilidade do negócio e já definiu as características gerais do hotel).

Quais serão as principais considerações a serem feitas? Certamente, levaria em consideração sua expertise em edificação de hotéis, as dificuldades e os desafios enfrentados quando as atividades de montagem do hotel coincidem com os objetivos do seu projeto (construção do hotel), características do local, forma de contratação, riscos principais, lições aprendidas de projetos similares e outros fatores.

Com todas essas informações em mãos, você teria condições de fazer um mapeamento geral, incluindo as premissas e restrições, gerando uma estimativa geral para avaliar e decidir se vale a pena ou não participar do projeto.

Claro que a escolha não é tão simples assim, mas algumas características preliminares podem influenciar sua posição de participar ou não da execução de um determinado projeto, mesmo que a escolha final seja do cliente e não sua.

Pense em uma concorrência em que o cliente impõe as condições contratuais sem abrir espaço para negociação. Você consideraria isso no seu estudo preliminar? Claro que sim, pois, dependendo das cláusulas e obrigações impostas, isso afetará financeiramente o seu projeto e, consequentemente, os resultados esperados.

Quais fatores devem influenciar a sua decisão? Podemos fazer alguns questionamentos iniciais, tais como:

> - Qual percentual de Benefício e Despesas Indiretas (BDI) seria necessário para cobrir seus custos indiretos e contribuir para a sua margem de lucratividade esperada?
> - Qual a disponibilidade de recursos (humanos e materiais) necessária para a execução do projeto?
> - Quais os principais riscos existentes?

A lista poderá ser extensa, dependendo da complexidade do projeto, mas o ponto em questão é enfatizar a necessidade de fazer uma macroanálise do que afetará a sua decisão.

Partindo do pressuposto de que o projeto vale a pena, quais os fatores econômicos e financeiros necessários para que ele se torne um sucesso? A melhor resposta seria esta: depende. Isso porque é preciso aplicar, em cada etapa do projeto, o esforço necessário para que o projeto não sucumba ao fracasso, principalmente do ponto de vista financeiro. Você já deve ter presenciado projetos que começaram muito bem, mas desceram ladeira abaixo à medida que se desenvolviam. Eu mesmo tive essa infeliz experiência. Se existe algo positivo nisso, é a opção de não repetir os erros cometidos que contribuíram para o fracasso.

Vamos refletir sobre como planejar e gerenciar uma obra do ponto de vista da construtora responsável por entregar o produto final ao cliente. Uma discussão conceitual referente às boas práticas de gerenciamento de projetos no setor da construção é tratada no Capítulo 2 deste livro.

Em muitos casos, a viabilidade do projeto para a construtora servirá de base ou de *input* para a elaboração da proposta técnica comercial a ser apresentada ao cliente, como parte do processo de concorrência ou de licitação.

Ao longo dos anos, participando da gestão de diversas obras, pude notar que as principais etapas que permeiam uma gestão financeira eficaz são:

- Análise criteriosa dos projetos arquitetônicos e identificação das incompatibilizações existentes, propondo soluções técnicas alternativas ao cliente.
- Levantamento quantitativo (composição necessária de material, equipamentos e serviços para cada pacote de trabalho) com base nos projetos arquitetônicos.
- Estimativa do preço para cada pacote de trabalho, atrelando-o a valores de referência do banco de dados ou ao levantamento de preços junto a fornecedores potenciais para o projeto.
- Realização da identificação, análise e precificação dos riscos (plano de resposta e contingenciamento).
- Elaboração do orçamento.
- Cálculo e definição correta do BDI.

- Planejamento e condução de uma gestão econômica do contrato, integrando os cronogramas físico, financeiro e de aquisições (suprimentos).
- Definição clara da linha de base dos custos do projeto para a equipe.
- Elaboração de um fluxo de caixa do projeto de acordo com as restrições e os critérios estabelecidos pelo cliente.
- Monitoramento dos recursos do projeto (disponibilidade e excesso de recursos – falhas na previsão e provisionamentos).
- Definição de como serão identificadas, registradas, precificadas e controladas as mudanças decorrentes das alterações no escopo do produto que venham a afetar também qualidade, prazo, riscos e, principalmente, a linha de base dos custos.
- Condução de uma gestão econômica do contrato.
- Gerenciamento dos custos do projeto, utilizando técnicas como o gerenciamento do valor agregado.
- Controle e encerramento das aquisições do projeto.
- Condução do encerramento financeiro do contrato.
- Registro das lições aprendidas.

Esses pontos devem ser a base para o planejamento da gestão financeira de uma obra, uma espécie de espinha dorsal. Em outras palavras, é fundamental, antes de iniciar a execução de uma obra, que o gestor financeiro da organização, em conjunto com o *sponsor* ou patrocinador do projeto, gaste energia para planejar e definir como será a regra do jogo.

Outro ponto que contribui muito é identificar previamente o gerente do projeto e inseri-lo no contexto do planejamento.

Como estamos falando em obras, normalmente o gerente do projeto tem por formação a engenharia civil. O que noto na prática é que muitos dos engenheiros civis que assumem tal papel não possuem uma formação adequada no que tange à gestão. Isso requer que a empresa invista recursos na formação e, principalmente, no treinamento dos profissionais, para que consigam desempenhar o que se espera deles. Será de grande ajuda se tal capacitação estiver em linha com as boas práticas do gerenciamento de projetos apresentadas pelo *PMBOK® Guide*, pela IPMA (Associação Internacional de Gestão de Projetos, do inglês *International Project Management Association*), que traz a gestão por competências, ou pelo PRINCE2® (Projetos em Ambientes Controlados, do inglês *Projects in Controlled Environments*).

Conheci empresas que patrocinaram ou ministraram pequenos cursos de gerenciamento de projetos para a equipe de engenharia, o que contribuiu positivamente para o desenvolvimento do projeto.

Possivelmente, você já identificou mais algum aspecto importante sob o seu ponto de vista ou mesmo da organização na qual trabalha. O intuito aqui é destacar quais seriam as principais preocupações para a empresa conseguir fazer uma gestão financeira eficaz.

Isso não quer dizer que se seguirmos esses passos teremos garantia de que o projeto será bem-sucedido ou lucrativo, mas teremos condições de fornecer informações financeiras estratégicas a tempo de serem utilizadas, a fim de maximizar os benefícios do projeto ou mesmo de minimizar eventuais problemas que vierem a surgir e que possam impactar de modo negativo os resultados do projeto.

Vale lembrar que há outras variáveis que podem impactar financeiramente o projeto e que não farão parte de nossa discussão.

Como exemplo disso, pense na seguinte situação: imagine que você trabalha em uma construtora que está executando um prédio comercial de grande porte na cidade de São Paulo. Sua empresa subcontratou os serviços de uma determinada empresa, responsável por fornecer todos os caixilhos e vidros, itens de extrema importância e pertencentes ao caminho crítico do projeto. Você, como gestor financeiro da sua empresa, recebe a informação da equipe da engenharia de que a empresa de caixilhos não conseguirá cumprir o cronograma estabelecido em contrato e irá atrasar o fornecimento dos caixilhos em trinta dias. O atraso foi justificado como decorrente de um problema no sistema de produção e de disponibilidade na cadeia de suprimentos dele. O que você faria com essa informação?

Sem dúvida, existem diversos pontos a serem considerados.

Podemos observar melhor a situação, sob a ótica financeira, com o mapa visual apresentado na Figura 26 a seguir, que contém algumas possíveis incógnitas decorrentes das incertezas apresentadas no cenário anterior.

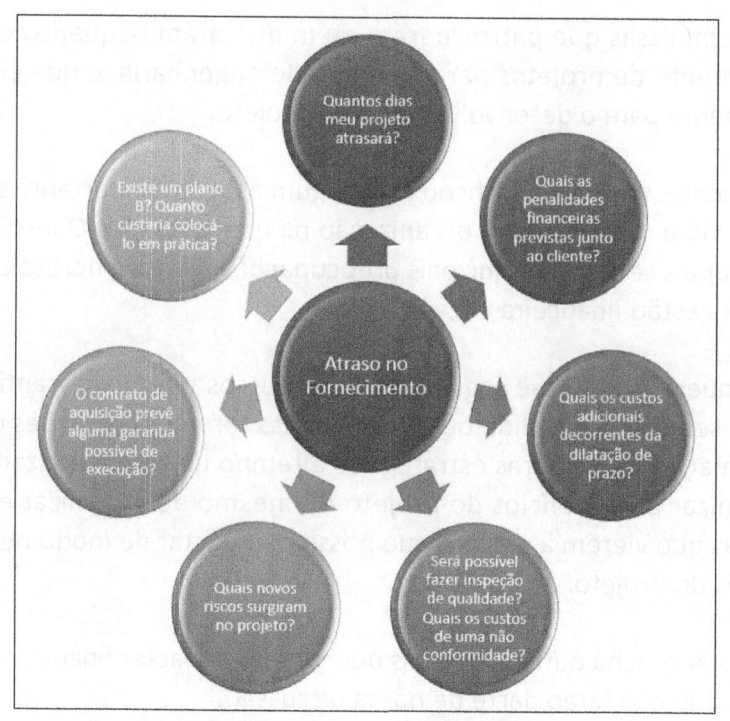

Figura 26. Exemplos de impacto financeiro no projeto.
Fonte: autor.

Embora alguma outra questão com impacto financeiro sobre o projeto possa vir à tona quando acontece um problema como esse, o ponto em questão sempre será: identifique-a! Se você, como gerente funcional ou gerente do projeto, não estiver comprometido em unir esforços com os envolvidos no projeto com o objetivo de identificar os eventos que possam trazer prejuízo financeiro ao projeto, as chances de fracasso são consideráveis e talvez seja a hora de você começar a procurar outro emprego quando o projeto estiver chegando ao seu término (se você sobreviver até o final).

6.3. Planejamento financeiro de uma obra

6.3.1. Estimativas iniciais dos custos

Lembra que anteriormente falamos da importância da realização de um estudo de viabilidade antes do início de um projeto?

Tal estudo é de extrema importância para o sucesso do projeto, mas, na maioria das vezes, essa etapa é deixada de lado. E por que isso ocorre? É difícil identificar apenas um motivo. Isso porque a não realização de um estudo pode estar atrelada a diversas práticas distorcidas do mercado, como, por exemplo:

> **Prazo insuficiente por exigência do cliente:** nem sempre o processo licitatório permite obter as informações necessárias para a realização de um estudo preliminar adequado.
> **Condições do mercado:** quando a economia do setor se deteriora, isso significa participar de concorrências na busca por sobrevivência. Muitos empresários tomam a decisão na expectativa de resolver divergências durante a execução do projeto. Negar um projeto por não acreditar nas premissas definidas pelo cliente não parece ser a coisa certa a fazer diante da situação do mercado.
> **Perda de tempo:** muitos julgam desnecessário investir recursos em uma análise preliminar quanto à viabilidade do projeto por acharem que essa preocupação deve ser atribuída ao cliente e não à construtora, que apenas executará o projeto. Mas será que isso é verdade?

Um estudo prévio permite, por exemplo, que o licitante proponha alternativas que podem, na maioria dos casos, otimizar o projeto. E isso pode acontecer não apenas sob a ótica de custos, mas também trazendo outros aspectos positivos (prazo, qualidade, funcionalidades, etc.).

Questione a si mesmo: como fazer diferente? De que maneira seria possível a organização onde você trabalha caminhar para um planejamento mais eficaz?

Certamente seria ótimo se tivéssemos respostas claras e objetivas para essas questões, mas o ponto é: cada organização deve avaliar a importância de gastar energia no planejamento prévio. Executar qualquer projeto sem antes examinar os possíveis desdobramentos, ou seja, sem planejá-lo adequadamente, permitirá que a empresa esteja mais vulnerável às intermitências do mercado e ao fracasso.

Além de buscar entregar o produto final e atender às expectativas das partes interessadas, principalmente do cliente, um bom planejamento exigirá que se avalie como ocorrerá a gestão financeira da obra.

Para isso, é necessário avaliar quanto recurso financeiro estará disponível para a construtora administrar e como será essa administração. Parece simples, mas o total de recurso financeiro que a construtora terá é definido progressivamente.

Falamos anteriormente sobre as estimativas iniciais de custo utilizadas como base para fundamentar o estudo de viabilidade. Tais estimativas também servirão de base para a composição do orçamento total do projeto, ou seja, para determinar quanto recurso financeiro a construtora terá à sua disposição para consumir perante o cliente.

Além disso, as estimativas de custos tendem a ser mais precisas quando critérios, premissas e restrições do projeto são bem conhecidos e analisados corretamente, sendo ainda de extrema importância ter desenvolvido uma estrutura analítica de projeto (EAP) condizente com o objetivo do projeto, revendo o cronograma que demonstra a duração das atividades e os recursos a serem aplicados, bem como levantando e analisando os dados históricos (projetos anteriores).

Isso tudo ocorre logo após o contrato ser assinado. Tais informações, inclusive, deveriam ser anexadas ao contrato. Se forem bem elaboradas, podem evitar muita dor de cabeça em discussões futuras.

Embora a referência de boas práticas em gerenciamento de projetos mais conhecida aqui no Brasil, o *PMBOK® Guide*, cite diversas formas e ferramentas para estimar os custos de um projeto, acredito que as estimativas calculadas são mais efetivas quando as quantidades são de fato levantadas e quando os preços dos materiais, equipamentos e taxas de serviços são obtidos mediante propostas apresentadas pelos fornecedores em potencial.

Isso sem falar em quando todos os projetos arquitetônicos, de estrutura e complementares são concebidos e integrados em um sistema de trabalho baseado em BIM (Modelagem de Informação da Construção, do inglês *Building Information Modeling*), tema do Capítulo 3, hipótese em que as estimativas serão muito melhores. Isso porque é possível identificar e corrigir previamente as falhas existentes e precisar melhor a quantidade de insumos e serviços necessários para a execução da obra. Você se preocupará apenas com precificação e análise!

Avançar na utilização de processos de trabalho baseados em BIM deixa de ser papel apenas do incorporador, pois permite que a construtora identifique as possíveis falhas, propondo soluções e trabalhando em conjunto com o cliente para otimizar o projeto. Espero que, em um futuro próximo, todos consigam assimilar que planejar é a tarefa mais importante no processo construtivo.

6.3.2. Definindo o orçamento da obra

O *PMBOK® Guide* (p. 193) destaca que determinar o orçamento "é o processo de agregação dos custos estimados de atividades individuais ou pacotes de trabalho para estabelecer uma linha de base dos custos autorizada". O objetivo desse processo é justamente definir a linha de base de custo que será utilizada para o monitoramento e controle do desempenho do projeto.

A Figura 27 ajuda a entender o que compõe o orçamento do projeto.

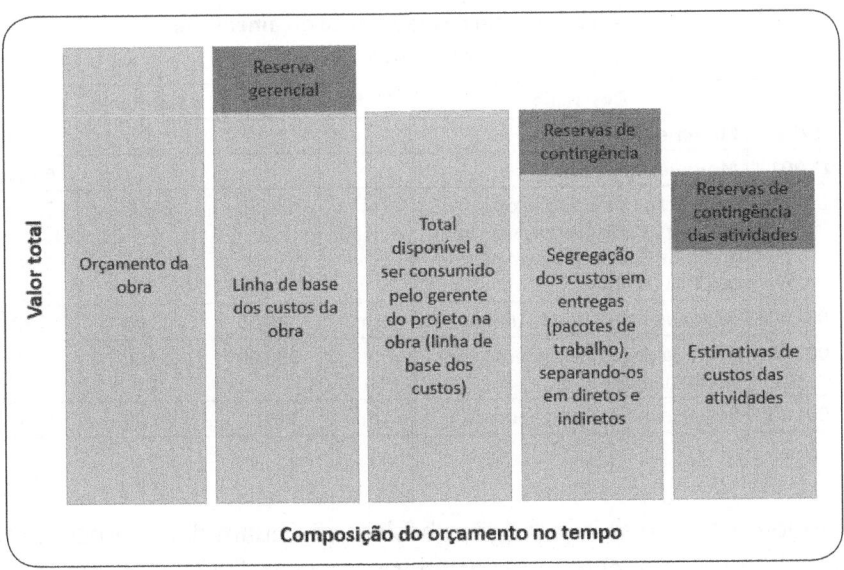

Figura 27. Elaboração do orçamento da obra.
Fonte: adaptado de *PMBOK® Guide*, p. 213.

Na prática, podemos dizer que os custos estimados são refinados e consolidados ou agrupados de modo a demonstrar claramente o custo total do projeto e como este será apropriado ao longo do tempo.

Muitos clientes esperam obter uma visão da composição orçamentária do projeto segregada por:

> Custos diretos (atrelados diretamente à produção).
> Custos indiretos (custos decorrentes de mais de um projeto).
> BDI.

Abordaremos logo mais esses conceitos sobre custos diretos, indiretos e composição do BDI. Cada organização desenvolve um método que melhor se adapta às suas necessidades e também às do seu cliente. O nível de detalhamento dependerá do projeto e da forma como a empresa irá controlar o orçamento. No entanto, espera-se que o projeto contenha os dados principais que permitam uma melhor análise do que está sendo considerado. Suponhamos a elaboração do orçamento para o prédio comercial do nosso exemplo. Note, na Tabela 10, uma pequena parte de como um orçamento pode ser elaborado.

Tabela 10. Exemplo de elaboração orçamentária.
Fonte: autor.

Item	Descrição	Unid.	Quant.	R$ unitário	R$ total
00.001	**Movimento de terra**				**69.115,10**
00.001.001	**Movimento de terra**				**69.115,10**
00.001.001.002	Escavação manual (blocos e baldrames). Obs.: escavação com apoio de Bobcat previsto no item 00.004.003.004	m^3	439,50	68,00	29.886,00
00.001.001.003	Apiloamento de fundo de valas	m^2	388,00	16,00	6.208,00
00.001.001.004	Retirada de terra excedente com carga manual	m^3	380,90	59,00	22.743,10
00.001.001.005	Reaterro manual compactado	m^3	146,50	72,00	10.548,00

Você pode notar que as informações básicas são quantidade, preço unitário, unidade de medida e, enfim, o custo para cada serviço? Então, montar essa estrutura envolve conhecer as atividades que serão desenvolvidas ao longo do projeto. Lembre-se de que você deve ter estimado cada item do orçamento, para então consolidá-lo.

Aqui vale fazer uma observação. As informações do orçamento não servem apenas para controlar financeiramente o projeto. Se bem estruturado, e caso sua organização utilize adequadamente a composição quantitativa dos serviços a serem executados ou contratados, o orçamento poderá ser uma ótima referência de índice de desempenho. Embora não seja objetivo deste capítulo destacar esse aspecto do orçamento, é interessante que as empresas detalhem as quantidades necessárias e posteriormente as controlem à medida que forem utilizadas, para mensurar desvios e aprimorar seus índices de consumo para projetos futuros. Isso servirá não apenas como lições aprendidas, mas como base para avaliar se a empresa está sendo produtiva e competitiva.

Agora basta dar sequência ao desenvolvimento de todo o orçamento e acrescentar as famosas reservas e o BDI. Mas o que seriam essas reservas e como podemos inseri-las no contexto orçamentário? Se recorrermos novamente à Figura 27, notaremos dois tipos de reservas: as contingenciais e as gerenciais. Talvez você se pergunte: por que não usar apenas um tipo de reserva? Não seria a mesma coisa? Para responder, nada melhor do que refletir a respeito. Pense na seguinte situação: quando você faz uma viagem internacional, é prudente e necessário levar, além do dinheiro que espera gastar com refeições, hotéis, veículos e as tentadoras compras, um ou dois cartões de crédito com um bom limite que possa cobrir imprevistos ou gastos adicionais. Isso sem falar no seguro viagem, que certamente você fará (alguns países até exigem a sua apresentação no setor de imigração).

Mas o que uma viagem tem em comum com uma obra? A princípio são coisas completamente diferentes, mas podemos assimilar melhor o conceito atrelado à composição do orçamento do projeto por meio da análise de uma viagem.

Em linhas gerais, seus gastos com hotéis, passagem, deslocamento, refeições e determinadas compras podem ser considerados seus custos diretos e indiretos da viagem. Já alguns imprevistos que você identifica, como, por exemplo, um remédio ou um furo no pneu de um carro alugado, são custos atrelados a uma reserva de contingência, ou seja, um valor a mais que você reserva para possíveis imprevistos que você imagina (riscos conhecidos). Vamos aqui usar um exemplo mais dramático para ilustrar o que seriam as reservas gerenciais. Pense que você está se deslocando de um país para o outro e de repente esse país onde você se encontra é vítima de um desastre natural ou de uma forte tempestade, obrigando-o a permanecer no local por mais dias do que o esperado, comprometendo todo o restante da viagem programada e lhe causando custos adicionais inesperados. Esses custos não esperados podem ser minimizados se você provisionar uma reserva para riscos não identificados. Para isso é feita a reserva gerencial em um projeto.

Trazendo para a realidade de uma obra, as reservas de contingência devem ser provisionadas no custo do seu projeto porque representam respostas a riscos identificados que requerem atenção. Por exemplo, deve-se provisionar um determinado coeficiente de perda para concreto, massa e aço. Note que as reservas de contingência compõem o orçamento do projeto, o que significa que o gerente do projeto terá controle sobre esse montante. Os custos diretos e indiretos, somados às reservas de contingência, constituem o que chamamos, em gerenciamento de projetos, de linha de base dos custos.

As reservas gerenciais, por sua vez, seriam um determinado percentual aplicado sobre o total dos custos diretos e indiretos (podendo ou não incluir as reservas de contingência, a seu critério) como resposta a possíveis riscos não identificados ou riscos desconhecidos.

Na teoria, o correto seria abrir esse valor ao cliente e utilizá-lo somente quando os eventos de riscos não identificados e inesperados ocorressem, desde que aprovados pelo cliente. Dessa forma, esse valor passaria a ser acrescido ao seu orçamento. No entanto, a prática do mercado não é bem essa. Embora em muitos casos esse percentual seja combinado previamente com o cliente, ele acaba sendo utilizado mais para cobrir problemas de desempenho do projeto (custos adicionais decorrentes de alteração do escopo ou de itens não orçados pela construtora, problemas de qualidade, atrasos, etc.) do que como resposta aos eventos de riscos desconhecidos. Há muitos e muitos casos em que a própria equipe do projeto provisiona esse montante como um "colchão" a ser gasto pela obra, como se fosse um cheque especial do projeto, o que é totalmente inadequado.

Em outros casos, essa reserva gerencial, também conhecida no mercado da construção como "taxa de risco", é adicionada ao BDI.

Claro que não estamos falando de um crime capital, mas o conceito por trás da reserva gerencial precisa ser encarado de forma diferente pelo mercado.

Resumindo, os custos diretos, indiretos e reservas de contingência totalizam o montante que pode ser gasto no projeto e que está nas mãos do gerente do projeto. Quando adicionamos as reservas gerenciais, estamos falando do limite a ser utilizado pela empresa para executar o projeto, desde que o cliente aprove a utilização de tais reservas à medida que os eventos de riscos desconhecidos ocorrerem.

6.3.3. Formando o preço de venda ou valor da obra

Vamos agora explorar um pouco mais, por meio de exemplos, o que está envolvido nos custos citados anteriormente para a composição do orçamento. Ainda no caso do nosso prédio comercial, podemos visualizar na Tabela 11 a seguir uma forma simples de diferenciar os três tipos de custos que devem ser considerados no orçamento de uma obra:

Tabela 11. Definição dos custos que compõem o orçamento da obra.
Fonte: autor.

	Custo direto	Custo indireto	BDI (Benefícios e Despesas Indiretas)
O que é	Custos necessários para a produção de um bem ou serviço, diretamente atrelados a determinada obra.	Custos oriundos da empresa destinados a mais de uma obra (necessitam ser rateados).	Representa o valor que o construtor espera receber pelo serviço a ser executado.
Exemplos	– Concreto – Aço – Escavações – Acabamentos – Instalações (elétrica, hidráulica, etc.) – Outros	– Equipe administrativa – Departamento de compras – Departamento jurídico – Outros	Composto por: – Despesas financeiras – Impostos – Despesas matriz – Comercialização – Lucro esperado – Outros, se necessário

É muito comum, no orçamento de uma obra, a equipe utilizar a terminologia de custos indiretos para os custos necessários para a produção, mas que na verdade não serão incorporados ao produto final.

Pense novamente em nosso prédio comercial. Suponhamos que o estágio da obra é o de início dos acabamentos e que a atividade em execução é a de colocação dos pisos cerâmicos. Os pisos são levados até os andares por equipamentos de transporte vertical, como a grua, por exemplo. Os pisos são tratados pela equipe do projeto como custo direto (fazem parte do produto), mas a grua é tratada como um equipamento de apoio, custo indireto, mas necessário para a entrega do produto.

No contexto orçamentário de que estamos tratando, chamaremos de custos diretos todos os custos necessários para a entrega do produto, tendo em vista que são exclusivos ao projeto. Os custos indiretos que queremos destacar se referem aos custos que são atribuídos a mais de um projeto, sendo necessário fazer o seu rateio, devendo cada empresa definir qual regra utilizará (nem sempre é fácil essa escolha).

Com isso em mente, podemos partir para a próxima etapa, que é a composição do preço final do projeto a ser cobrado do cliente. Não é nada tão complexo, pois já entendemos que o desafio foi:

> Estimar os custos das atividades.
> Agrupá-los em pacotes de trabalho (entregas).
> Definir reservas de contingência para responder aos possíveis riscos (riscos conhecidos, identificados e planejados).
> Consolidar em planos de conta para formação da linha de base dos custos da obra (o que o gerente do projeto terá sob sua responsabilidade administrar).
> Adicionar a reserva gerencial (resposta aos riscos desconhecidos).
> Formar o orçamento do projeto.

Agora vamos falar um pouquinho sobre como podemos definir qual o benefício financeiro esperado para a organização pela realização da obra.

Conceitualmente, esse benefício financeiro é conhecido como BDI. Podemos dizer que se trata do que a empresa espera receber do projeto para cobrir: seus custos indiretos (despesas administrativas, custos financeiros, etc.), os encargos e impostos oriundos da prestação de serviço e uma contribuição líquida como sendo a lucratividade esperada.

Seria até presunção passar uma tabela que seja padrão em qualquer tipo de empresa. Isso porque o cálculo do BDI deve levar em consideração as particularidades de cada organização. E por que isso?

Para que seja possível calcular uma taxa de BDI que atenda às necessidades e expectativas da empresa executora do projeto, é importante levar em consideração o tipo de contrato a ser negociado (Contrato por Preço Máximo Garantido, por Administração ou por Empreitada Global).

Com isso em mente, podemos começar a definir o BDI, mais bem visualizado na Tabela 12:

Tabela 12. Exemplo de cálculo do BDI.
Fonte: autor.

Custos indiretos	Descrição	Peso
Administração do escritório central	Percentual de rateio das despesas administrativas (sede) necessário para conduzir o projeto.	0,0%
Administração local	Eventuais custos ligados diretamente ao canteiro de obras (exclusivamente ao projeto), mas que não foram considerados no orçamento da obra.	0,0%
Despesas indiretas	Custos relativos à comercialização, por exemplo.	0,0%
Despesa financeira	Eventuais custos financeiros necessários para a realização da obra (ex.: capital de giro necessário para suprir eventual exposição de caixa).	0,0%
Pós-obras	Custos finais ou pós-conclusão que estarão sob a responsabilidade da construtora (garantias, assistência técnica, etc.).	0,0%
Valor do risco da obra	Possíveis distorções decorrentes do orçamento elaborado.	0,0%
Outros	**Descrição**	**Peso**
Impostos	Impostos que incidirão sobre a prestação de serviço, tais como: PIS, Cofins, ISS, etc.	0,0%
Margem de lucro prevista	Quanto a construtora espera obter de lucro com a obra.	0,0%
Seguro	Eventuais seguros necessários não incluídos no orçamento da obra.	0,0%
Total do BDI		**0,0%**

Note que, nesse exemplo, preferi tratar o total do BDI em percentagem, em vez de em reais. Isso porque considero mais fácil definir os pesos de cada item sabendo que o total será quanto for adicionado ao orçamento, formando assim o Preço de Venda. Pode-se incluir uma segunda coluna para indicar quanto tal peso representará em seu orçamento.

Isso quer dizer que, ao definir o orçamento da obra, inserindo todas as reservas (contingenciais e gerenciais) e aplicando um percentual sobre esse montante como sendo seu BDI, você obterá o valor do seu projeto.

No entanto, a realidade é que o mercado tende a definir o valor total do BDI. Como assim? A forte concorrência e fatores econômicos pressionam as construtoras a diminuir cada vez mais o seu BDI, que hoje pode variar entre 5% e 12% do total do orçamento do projeto, dependendo do tipo e da complexidade do empreendimento.

O lucro esperado acaba sendo uma conta de chegada, após a subtração de todos os custos indicados.

Vejamos, na Figura 28, a consolidação de tudo isso, para melhor visualização e entendimento do preço final:

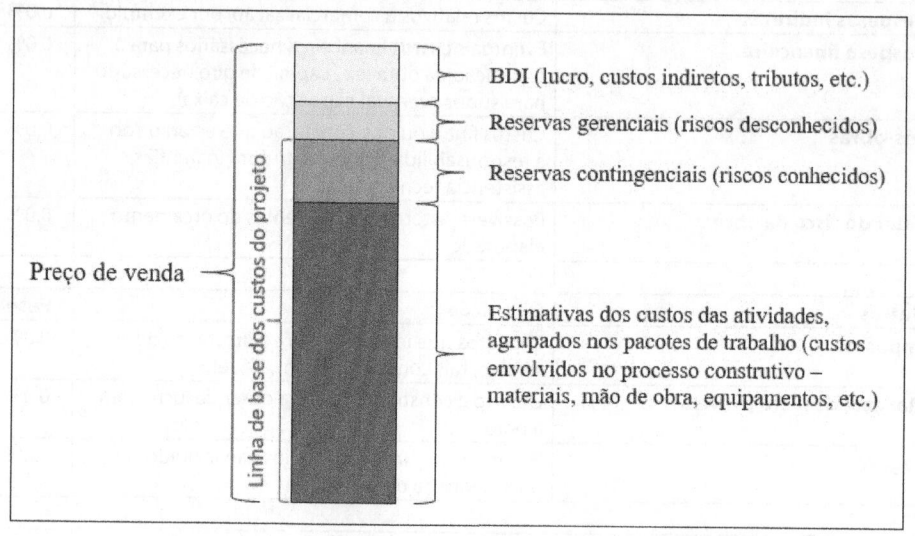

Figura 28. Composição do preço de venda de uma obra.
Fonte: autor.

Embora aspectos relacionados ao gerenciamento dos custos e controle financeiro do contrato sejam abordados logo à frente, reforço que, para efeito de gerenciamento do projeto, as reservas gerenciais não estão sob a responsabilidade do gerente do projeto e equipe, mas sim sob a administração da empresa responsável pela execução do projeto, isso porque não fazem parte da linha de base do custo do projeto.

6.3.4. Fatores econômicos que afetam o preço de uma obra

Um outro aspecto que pode ser necessário levar em consideração para definir o preço de venda é a inflação. Isso porque normalmente o tempo de execução de uma obra é extenso. Naturalmente, consideram-se o tamanho e a complexidade do empreendimento e a modalidade de contrato. No entanto, sabe-se que o dinheiro tem um diferente valor ao longo do tempo. Isso quer dizer que um material que custa X reais hoje não irá custar os mesmos X reais daqui a seis meses. É saudável, e necessário, a fim de manter o equilíbrio econômico-financeiro do contrato, que sejam previstas condições específicas a respeito desse tema.

Alguns clientes exigem que as construtoras estimem uma inflação no preço de venda. Se isso ocorrer, deve-se incorporar tal variação esperada no projeto todo por aplicar um percentual sobre todos os itens que vimos anteriormente ou mesmo destacar separadamente, caso o cliente solicite.

Como pode ser feita essa estimativa? Considero oportuno seguir esses passos:

- Pesquisar em fontes confiáveis a projeção da inflação do setor para os períodos à frente (a equipe econômica do Sinduscon-SP – Sindicato da Indústria da Construção Civil – e o portal Ibre da FGV – Instituto Brasileiro de Economia da Fundação Getúlio Vargas – são fontes confiáveis que ajudam na obtenção desses dados), utilizando índices como o INCC (Índice Nacional da Construção Civil) e o CUB (Custo Unitário Básico da Construção Civil).
- Estimar o desempenho mensal ou o progresso físico da obra para simular qual a evolução financeira prevista, permitindo projetar uma inflação média no período.
- Procurar saber, no mercado, qual a tendência de elevação do preço dos insumos principais que podem impactar de imediato o contrato. Como exemplo, imagine que cabe à construtora comprar todo o aço para a obra e este sofrerá um reajuste de 15% no mês seguinte ao fechamento do contrato com o cliente. Certamente isso afetará o custo do projeto e, nesse item, muito provavelmente a inflação mensal não será suficiente para readequar o equilíbrio financeiro.

Podemos ver a seguir um exemplo de como fazer tal estimativa inflacionária:

Tabela 13. Exemplo de cálculo de inflação sobre o orçamento.
Fonte: autor.

Simulação inflação obra XYZ

Valor do orçamento	R$ 50.000.000	Projeção INCC	
Ínice INCC mês base (mar-16)	250,0000	2016/ano	7,00%
Quantidade INCC Original (QIC)	200.000,00	2017/ano	6,00%

A	B	C = QIC x E x B	D	E		F = C / E	
Período	Saldo orçamento	Avanço físico previsto (%)	Valor gasto em R$	Variação projetada do INCC no mês	Índice INCC projetado do mês	Valor gasto em INCC	Valor acumulado gasto em INCC	Saldo orçamento corrigido em R$
Abr/16	R$ 50.000.000	0,0%	R$ –	0,57%	251,414	–	–	R$ 50.282.707
Mai/16	R$ 50.282.707	0,0%	R$ –	0,57%	252,835	–	–	R$ 50.567.013
Jun/16	R$ 50.567.013	0,0%	R$ –	0,57%	254,265	–	–	R$ 50.852.926
Jul/16	R$ 50.852.926	0,0%	R$ –	0,57%	255,702	–	–	R$ 51.140.456
Ago/16	R$ 51.140.456	0,0%	R$ –	0,57%	257,148	–	–	R$ 51.429.612
Set/16	R$ 51.429.612	4,0%	R$ 2.068.816	0,57%	258,602	8.000,00	8.000,00	R$ 49.651.586
Out/16	49.651.586	5,5%	R$ 2.860.706	0,57%	260,064	11.000,00	19.000,00	R$ 47.071.617
Nov/16	R$ 47.071.617	5,8%	R$ 3.033.802	0,57%	261,535	11.600,00	30.600,00	R$ 44.303.965
Dez/16	R$ 43.303.965	6,3%	R$ 3.313.969	0,57%	263,013	12.600,00	43.200,00	R$ 41.240.498
Jan/17	R$ 41.240.498	6,8%	R$ 3.594.393	0,49%	264,294	13.600,00	56.800,00	R$ 37.846.845
Fev/17	R$ 37.846.845	6,8%	R$ 3.611.889	0,49%	265,580	13.600,00	70.400,00	R$ 34.419.177
Mar/17	R$ 34.419.177	6,8%	R$ 3.629.470	0,49%	266,873	13.600,00	84.000,00	R$ 30.957.245
Abr/17	R$ 30.957.245	6,8%	R$ 3.647.137	0,49%	268,172	13.600,00	97.600,00	R$ 27.460.794
Mai/17	R$ 27.460.794	6,8%	R$ 3.664.889	0,49%	269,477	13.600,00	111.200,00	R$ 23.929.571
Jun/17	R$ 23.929.571	6,8%	R$ 3.682.728	0,49%	270,789	13.600,00	124.800,00	R$ 20.363.321
Jul/17	R$ 20.363.321	6,8%	R$ 3.700.654	0,49%	272,107	13.600,00	138.400,00	R$ 16.761.787
Ago/17	R$ 16.761.787	6,3%	R$ 3.445.236	0,49%	273,431	12.600,00	151.000,00	R$ 13.398.140
Set/17	R$ 13.398.140	6,3%	R$ 3.462.006	0,49%	274,762	12.600,00	163.600,00	R$ 10.001.350
Out/17	R$ 10.001.350	6,2%	R$ 3.423.637	0,49%	276,100	12.400,00	176.000,00	R$ 6.626.395
Nov/17	R$ 6.626.395	6,0%	R$ 3.329.325	0,49%	277,444	12.000,00	188.000,00	R$ 3.329.325
Dez/17	R$ 3.329.325	6,0%	R$ 3.345.530	0,49%	278,794	12.000,00	200.000,00	R$ –
			R$ 53.814.187					

Inflação geral do contrato = R$ 53.814.187 / R$ 50.000.000 − 1 = 7,63%

Note que a projeção do progresso físico geral da obra serve como uma importante entrada nesse processo, pois define a que velocidade financeira o contrato será consumido. No topo de cada coluna, entendemos como os números são obtidos. Assim, como demonstrado no exemplo, tendo em vista que o cliente solicitou que fosse aplicada a inflação previamente e considerando que a construtora fez a sua lição de casa, podemos entender que deverá ser adicionado ao valor inicial do orçamento o percentual de 7,63%, sendo que esse novo valor impactará também o BDI.

Isso quer dizer que a inflação pode ser previamente adicionada ao orçamento, sendo que o orçamento passaria de R$ 50.000.000,00 para R$ 53.814.187,00.

No entanto, o mais comum e utilizado no setor privado é prever a forma de reajuste no próprio contrato celebrado entre as partes, fixando o preço global em reais do contrato a um determinado mês de referência. Na maior parte dos projetos que acompanhei, a forma de correção do contrato seguia esse modelo, uma vez que o orçamento é referenciado a um determinado mês base, vinculado a um valor do índice de referência, normalmente o INCC, que é o índice mais utilizado para reajuste dos contratos de construção. A forma como o reajuste é aplicado é relativamente simples, pois ocorre mensalmente sobre o saldo do contrato do mês, descontando o valor consumido no mês. Sugiro, entretanto, trabalhar indexando todos os valores do contrato (orçamento, BDI, custos incorridos) no respectivo valor do INCC.

Voltando ao nosso exemplo de execução do prédio comercial, imagine que você esteja fazendo o controle orçamentário para determinar a disponibilidade atualizada do projeto. A Tabela 14 ajudará a melhor visualizar isso, pois o orçamento e o valor mensal incorrido são indexados pelo INCC:

Tabela 14. Cálculo mensal de reajuste do orçamento[14].
Fonte: autor.

Controle orçamentários Ed. Comercial XYZ		A	B	C = (A/B)	D	E	F = (D/E)	G = C - F	H	I = (G x I)
Plano de contas	Pacote de trabalho	Valor orçado (R$)	Valor do INCC no mês base do orçamento	Valor orçado em INCC	Valor consumido no mês X (R$)	INCC respectivo no mês de referência	Valor consumido em INCC	Saldo do orçamento em INCC	INCC do mês atual	Saldo do orçamento atualizado (R$)
02.	Preparo do terreno	688.428,40	550,005	1.251,677	-245.820,00	558,950	-439,789	811,888	559,850	454.535,35
02.01	Movimento de terra	688.428,40	550,005	1.251,677	-245.820,00	558,950	-439,789	811,888	559,850	454.535,35
02.01.001	Escavação manual de terra de valas	165.348,14	550,005	300,630	-57.871,85	558,950	-103,537	197,094	559,850	110.342,81
02.01.002	Escavação mecanizada de terra	287.980,25	550,005	523,596	-80.634,47	558,950	-144,261	379,335	559,850	212.370,75
02.01.003	Reaterro manual compactado sem importe de terra	137.445,80	550,005	249,899	-53.603,86	558,950	-95,901	153,998	559,850	86.215,88
02.01.006	Espalhamento mecanizado de lastro para apoio e caminho de máquinas	97.654,21	550,005	177,551	-53.709,82	558,950	-96,091	81,461	559,850	45.605,91

---

[14] Falaremos mais de valor necessário para término quando abordarmos gerenciamento do valor agregado.

Como demonstrado anteriormente, estamos indexando tanto o valor orçado como o valor consumido, facilitando assim a análise geral e apurando economicamente qual o montante de recurso disponível para conclusão do projeto. Essa análise ajuda, inclusive, a estimar, de uma forma mais simples, o custo de um projeto similar no futuro, o que é feito pela multiplicação do total desembolsado em INCC (valor consumido em INCC de todos os meses do projeto) pelo INCC do mês da estimativa.

6.4. Controlando os custos do projeto

Quando pensamos em controlar o contrato, o principal objetivo é controlar os custos da obra vinculados ao orçamento aprovado, sempre sob a ótica da construtora. Para tanto, é essencial estruturarmos a forma como fazer isso do ponto de vista financeiro.

Com esse intuito, abordaremos alguns pontos importantes referentes ao controle orçamentário do projeto, pois este está totalmente ligado a conceitos importantes que veremos mais adiante, como o gerenciamento do valor agregado.

Para adentrarmos nesse assunto, é importante alinharmos alguns conceitos e nomenclaturas no âmbito do controle dos custos de uma obra.

A nomenclatura, na sistemática de controle financeiro do orçamento de uma obra, diverge de empresa para empresa, mas o conceito por trás é o mesmo. A Tabela 15 destaca as principais nomenclaturas para qualquer análise financeira do orçamento:

Tabela 15. Conceitos para o controle orçamentário.
Fonte: autor.

	Valor orçado ou previsto	Valor planejado ou comprometido	Valor realizado ou consumido	Valor necessário para término	Saldo a consumir ou a realizar	Saldo disponível (a comprometer) do orçamento
O que é	Quantia de dinheiro disponível e aprovada para a realização do pacote de trabalho ou orçamento.	Montante de recurso já comprometido para a realização do trabalho, ou seja, o quanto já foi contratado.	Valor gasto e aplicado na obra até então. É a base comparativa para avaliar se a obra está gastando mais do que deveria.	Avaliação do valor necessário para finalizar determinado pacote de trabalho ou a obra como um todo.	Obtido por uma simples conta: subtração do valor orçado pelo valor já realizado ou consumido.	Obtido por uma conta simples: subtração do valor planejado ou comprometido pelo valor orçado.
Objetivo	Demonstrar ao gerente do projeto o quanto de recurso financeiro ele terá disponível para executar a obra, por pacote de trabalho.	Agrupar o quanto já foi contratado ou comprometido de cada pacote de trabalho e, consequentemente, do orçamento.	Apresentar o montante já gasto (não estamos falando aqui de fluxo de caixa) por elemento do orçamento.	Permitir ao gerente do projeto avaliar o quanto de recurso ainda será necessário para a conclusão dos serviços.	Demonstrar o saldo financeiro do pacote de trabalho e do orçamento, permitindo comparar se o saldo financeiro está em linha com o trabalho a concluir.	Permitir conhecer o quanto ainda falta ser contratado da obra. Por esse saldo o gerente do projeto avalia se haverá verba suficiente para concluir a obra dentro do orçamento previsto.

Vamos entender melhor com o exemplo do nosso projeto de construção do edifício comercial. Pense agora que você está controlando o orçamento. Adicionarei algumas informações para melhor entendimento:

Tabela 16. Controle orçamentário da obra.
Fonte: autor.

Controle orçamentário Ed. Comercial XYZ		A	B		C		D	E = A - B - D	F = A - C
Plano de contas	Pacote de trabalho	Valor orçado	Valor planejado		Valor realizado		Valor necessário p/ término	Saldo disponível (a comprometer)	Saldo a consumir (a realizar)
		(R$)	(R$)	%	(R$)	%	(R$)	(R$)	(R$)
02.	Preparo do terreno	688.428,40	616.700,58	90%	210.455,03	31%	84.707,23	- 12.979,41	477.973,37
02.01	Movimento de terra	688.428,40	616.700,58	90%	210.455,03	31%	84.707,23	- 12.979,41	477.973,37
02.01.001	Escavação manual de terra de valas	165.348,14	178.575,99	108%	62.501,60	38%	–	- 13.224,85	102.846,54
02.01.002	Escavação mecanizada de terra	287.980,25	279.340,84	97%	78.215,44	27%	–	8.639,41	209.764,81
02.01.003	Reaterro manual compactado sem importe de terra	137.445,80	109.956,64	80%	42.883,09	31%	26.114,702	1.374,46	94.562,71
02.01.006	Espalhamento mecanizado de lastro para apoio e caminho de máquinas	97.654,21	48.827,11	50%	26.854,91	28%	58.592,526	- 9.765,42	70.799,30

Quais pontos merecem mais ênfase na Tabela 16? Ao bater o olho, você deve ter ido direto para a coluna onde apareceram valores negativos – ou não? Se você fez isso, deve ter concluído que faltaram recursos financeiros para a finalização da atividade "Movimento de terra", não é mesmo? A apuração do saldo disponível demonstra quanto de recurso ainda poderá ser contratado ou comprometido para finalizar o serviço. Se esse saldo for negativo, significa dizer que você não terá recursos necessários para a conclusão do serviço? Quais as alternativas nesse caso?

Bom, depende do motivo do estouro!

Caso tenha sido decorrente de algum risco desconhecido, a empresa poderá solicitar ao cliente que libere parte da reserva gerencial. No entanto, é muito comum que a equipe absorva esse desvio com eventuais economias em outras atividades executadas. Além disso, alguma mudança no escopo do contrato pode ter ocorrido, o que acarretou um custo mais elevado do que o esperado. Mas e se o resultado negativo for por conta do orçamento total? Bem, as possibilidades serão as mesmas, exceto pelo fato de que, se o custo final for superior ao orçamento total, você não terá como "compensar" o saldo negativo e a empresa irá apurar um prejuízo.

Claro que outros fatores devem ser levados em consideração, mas o que quero salientar é que alguém pagará a conta adicional para a conclusão da obra, seja a construtora ou o cliente, mediante aprovações adicionais de mudanças ou liberação das reservas gerenciais.

Dessa forma, o controle orçamentário ou financeiro do projeto é fundamental para que sejam tomadas as ações necessárias, essenciais na busca do sucesso do projeto, minimizando os impactos negativos e maximizando as oportunidades.

Certamente a forma como a organização conduz a compilação dos dados é importantíssima. Isso exige um sistema de gerenciamento de projetos eficaz, ou seja, um ERP (Planejamento de Recurso Corporativo, do inglês *Enterprise Resource Planning*) que realmente forneça transparência e confiabilidade a toda a equipe do projeto, aos gerentes funcionais e à direção da companhia.

Outro fator importante a destacar é o grau de esforço da equipe em controlar os custos do projeto. É muito comum, e até mesmo estratégico, gastar energia com os itens que requerem a maior parte dos recursos financeiros em um projeto. Uma ferramenta que auxilia essa análise é o Princípio de Pareto, mais conhecido como regra 20/80, que significa dizer que 20% dos itens de um orçamento representam 80% do orçamento total. Dessa forma, é necessário um esforço extremo de controle nos itens de maior representatividade financeira, pois estes têm maior impacto no projeto. Isso não quer dizer que não se deva monitorar os custos de menor valor monetário, pois estes podem facilmente fugir de controle e gerar gastos adicionais à obra que poderiam ter sido evitados.

Interessante notar, por exemplo, o que Barbosa e colaboradores (2014) destacam como sendo as etapas principais para controlar os custos do projeto. As etapas são representadas na figura a seguir:

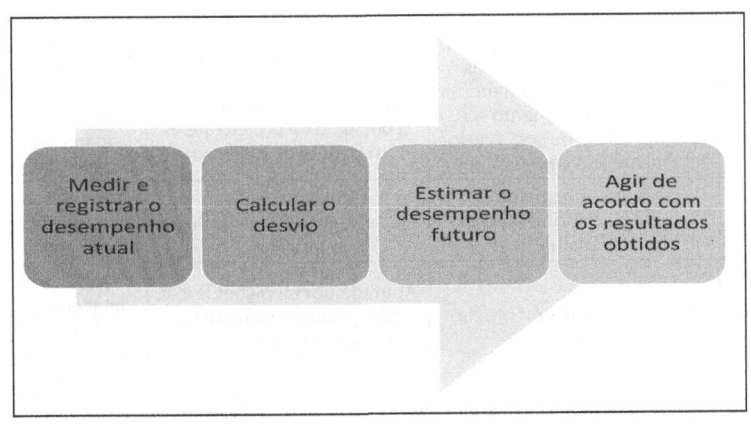

Figura 29. Acompanhando o desempenho do projeto.
Fonte: adaptada de BARBOSA et al., 2014.

Esses passos são essenciais para acompanhar o desempenho do projeto, sendo que uma ferramenta de grande ajuda para isso é o gerenciamento do valor agregado, cuja aplicação prática passaremos a entender melhor a partir de agora.

6.4.1. Gerenciamento do valor agregado

Quando falamos em projetos, uma ferramenta importantíssima para o controle de custos é o Gerenciamento do Valor Agregado (GVA). Isso porque o

GVA estabelece a relação entre custos reais incorridos e o que foi realizado de trabalho em um espaço de tempo. Em outras palavras, a ferramenta se preocupa em demonstrar se o que foi gasto de recursos financeiros foi de fato produzido como previsto. O GVA, quando bem utilizado, é uma ferramenta poderosa para medir o desempenho da obra.

Para melhor entendermos a aplicação do GVA na análise e no monitoramento do desempenho da obra, é fundamental considerarmos o tripé por trás dessa importante ferramenta. A Tabela 17 a seguir nos ajuda a entender isso:

Tabela 17. Conceitos básicos do GVA.
Fonte: autor.

	Valor Planejado (VP)	Valor Agregado (VA)	Custo Real (CR)
O que é	É o orçamento definido e aprovado para realizar o trabalho programado, distribuído ao longo de todo o projeto (cronograma), sendo que o total dos trabalhos agendados determina também o orçamento no término (ONT), ou seja, o valor total planejado para o projeto.	É quanto de fato do trabalho planejado (orçamento autorizado) foi concluído. Importante dizer que o VA jamais será maior que o VP. Em termos gerais, o VA determina quanto está concluído do projeto até o momento de medição.	É quanto de custo em que de fato se incorreu para realizar o trabalho no período de medição. Uma vez que o VA demonstra que no período foi executado X% ou X reais, o CR apresentará em quanto se incorreu de custo no mesmo período.
Objetivo	Estabelecer o quanto de recurso há disponível para o trabalho.	Apurar o quanto efetivamente foi realizado do trabalho.	Apresentar o quanto foi gasto para a realização do trabalho.
Cálculo	Obtido pelo orçamento da obra.	Apurado por medições físicas que definem o quanto foi realizado do projeto em termos financeiros.	Obtido pelo controle financeiro da obra, que demonstra o custo realizado até o momento da medição.
Nota	Deve-se sempre considerar o mesmo período de análise, ou seja, se está sendo analisado o fechamento até 31/08/17, todos os valores obtidos para VP, VA e CR deverão ser até essa data (valores acumulados).		

As informações na Tabela 17 são chamadas de tripé porque, a partir desses números, podemos medir o desempenho do projeto, conhecendo as variações e as estimativas inter-relacionadas.

Dessa forma, nada melhor do que um exemplo para entendermos a aplicação prática utilizada na gestão da obra. Para isso, seguiremos com nosso estudo de caso do edifício comercial, considerando que estamos medindo o projeto como um todo (isso porque podemos utilizar o GVA para medir tanto o desempenho geral da obra como as tarefas individuais). A Figura 30 nos ajudará a visualizar os dados obtidos, para melhor análise:

Desempenho Mensal

	Mês 1	Mês 2	Mês 3	Mês 4	Mês 5	Mês 6	Mês 7
VP	R$ 1.645.800	R$ 1.695.174	R$ 1.779.933	R$ 1.949.026	R$ 2.143.929	R$ 2.251.125	R$ 2.296.148
VA	R$ 1.398.930	R$ 1.559.560	R$ 1.655.337	R$ 1.871.065	R$ 2.122.490	R$ 2.296.148	R$ 2.342.071
CR	R$ 1.398.930	R$ 1.543.964	R$ 1.638.784	R$ 1.852.355	R$ 2.101.265	R$ 2.273.186	R$ 2.318.650

Desempenho Mensal Acumulado

	Mês 1	Mês 2	Mês 3	Mês 4	Mês 5	Mês 6	Mês 7
VP	R$ 1.645.800	R$ 3.340.974	R$ 5.120.907	R$ 7.069.933	R$ 9.213.862	R$ 11.464.987	R$ 13.761.135
VA	R$ 1.398.930	R$ 2.958.490	R$ 4.613.827	R$ 6.484.893	R$ 8.607.382	R$ 10.903.530	R$ 13.245.601
CR	R$ 1.398.930	R$ 2.942.894	R$ 4.581.679	R$ 6.434.033	R$ 8.535.298	R$ 10.808.484	R$ 13.127.134

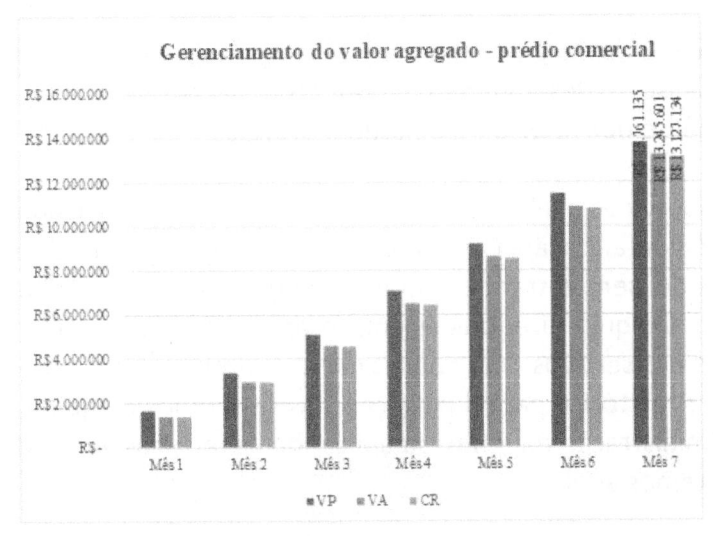

Figura 30. Exemplo de desempenho de obra.
Fonte: autor.

Note que, nesse exemplo, o valor agregado é menor que o valor previsto, mas é maior que o custo real. Logo mais vamos entender melhor o que podemos concluir com esses dados.

O interessante do GVA é que muitas empresas não se dão conta de sua importância ou mesmo nunca ouviram falar no termo, mas, indiretamente, elas utilizam, quase que intuitivamente, uma pequena parte das técnicas e conceitos aplicados. Como assim? Sem dúvida, você mede seu projeto comparando o que do orçamento X foi realizado, aplicando também a análise de desempenho físico do projeto, ou seja, faz uma curva S comparando quanto deveria ter sido produzido, quanto foi produzido e quanto foi gasto, não é mesmo?

Aplicando-se o conceito do GVA, "quanto deveria ter sido produzido" corresponde ao valor planejado (VP) para o período de análise; "quanto foi produzido" corresponde ao valor agregado (VA) à obra; e "quanto foi gasto" corresponde ao custo real (CR) do projeto, sempre analisados no mesmo período (quinzena, mês, semestre, etc.).

Isso quer dizer que a qualidade das informações obtidas é de extrema importância para calcular como o projeto está indo.

Na hora de analisar as informações, podem ser consideradas:

> Análise do desempenho mensal.
> Análise do desempenho mensal acumulado.
> Análise por serviço ou de todo o projeto.

Essas três opções de análise levam em conta o grau de maturidade em gestão e controle da organização. O mais comum, quando feito, é analisar o projeto como um todo, sem entrar nos detalhes de desempenho individual dos trabalhos. Isso não quer dizer que as empresas não façam a análise de desempenho físico dos serviços, mas apenas que elas normalmente têm dificuldade em produzir relatórios para divulgação dos resultados à equipe do projeto e à alta administração da empresa aplicando as técnicas gerais de GVA que demonstraremos aqui.

Para uma aplicação fácil na hora de fazer o cálculo, podemos utilizar a Tabela 18:

Tabela 18. Métodos de avaliação do GVA.
Fonte: autor.

Método de avaliação	Cálculo	Análise	Interpretação
Variação do Prazo	VPr	VA – VP	= ou > 0	Obra está no prazo
Variação do Custo	VC	VA – CR	= ou > 0	Obra está no custo
Índice de Desempenho do Prazo	IDP	VA / VP	= ou > 1	Projeto está avançando a pelo menos 100% do planejado (no prazo)
Índice de Desempenho do Custo	IDC	VA / CR	= ou <1	Quanto está sendo agregado de custo a cada R$ 1,00 gasto

Note que o cálculo não é complexo. A qualidade dos dados obtidos dependerá da forma como a empresa gerencia suas informações.

Vejamos a seguir a aplicação prática em nosso exemplo, considerando os cálculos anteriores baseados no quadro de desempenho mensal acumulado, apresentado anteriormente:

Tabela 19. Exemplo de interpretação do GVA.
Fonte: autor.

	Mês 1	Mês 2	Mês 3	Mês 4	Mês 5	Mês 6	Mês 7
VPr (Variação do Prazo)	- R$ 246.870 Atrasado	- R$ 382.484 Atrasado	- R$ 507.079 Atrasado	-R$ 585.040 Atrasado	- R$ 606.480 Atrasado	- R$ 561.457 Atrasado	- R$ 515.534 Atrasado
VC (Variação do Custo)	R$ – No custo	R$ 15.596 No custo	R$ 32.149 No custo	R$ 50.860 No custo	R$ 72.085 No custo	R$ 95.046 No custo	R$ 118.467 No custo

	Mês 1	Mês 2	Mês 3	Mês 4	Mês 5	Mês 6	Mês 7
IDP (Índice de Desemp. Prazo)	0,85 Atrasado	0,89 Atrasado	0,90 Atrasado	0,92 Atrasado	0,93 Atrasado	0,95 Atrasado	0,96 Atrasado
IDC (Índice de Desemp. Custo)	1,00 No custo	1,01 No custo	1,01 No custo	1,01 No custo	1,01 No custo	1,01 No custo	1,01 No custo

Não se assuste! Estamos apenas aplicando os cálculos mencionados na Figura 30.

Supondo que estejamos analisando o desempenho da obra no mês 7, o que vemos? Com base no GVA, notamos que, apesar de o projeto estar atrasado, ele não está consumindo mais do que o valor orçado ou previsto. Mas note que estamos comparando sempre com base no que de fato foi produzido ou agregado ao projeto. As causas do atraso podem ser diversas (chuvas, atraso na liberação de licenças, etc.) e permitem ao gerente do projeto identificar alternativas necessárias para recuperação do prazo ou minimização do atraso.

Para isso, passaremos a abordar agora como podemos gastar energia prevendo a tendência do projeto até o final, o que é feito por meio de técnicas nada complexas. Essas previsões fornecerão informações fundamentais para análise geral da saúde financeira da obra.

6.4.2. Previsão

Como vimos, a medição do desempenho é fundamental para entendermos a situação real dos trabalhos até então executados e do projeto como um todo. No entanto, a empresa deve olhar para a frente, ou seja, medir a tendência de desempenho futuro, e isso muitas vezes se torna um desafio, seja por informações insuficientes, por falta de interesse ou engajamento da equipe da obra ou mesmo por falta do conhecimento necessário.

Basicamente, as previsões podem ser obtidas de duas formas principais:

A. Por meio de um novo levantamento dos custos necessários para finalização em um dado momento.
B. Por meio da utilização de dados de desempenho do projeto para simular o desempenho futuro.

Talvez você se pergunte: qual é a forma mais eficaz?

A resposta é: depende. Isso porque tudo dependerá da qualidade dos dados utilizados para gerar as informações. Se a equipe realizar uma nova estimativa sem considerar, por exemplo, as quantidades reais necessárias com base no desempenho obtido, as estimativas podem ser falhas.

Como exemplo, pense no seguinte: a equipe está executando a fachada de um prédio que exige uma aplicação de argamassa para posteriormente realizar o acabamento. Normalmente, a equipe de orçamento adota um coeficiente médio da espessura da argamassa que será aplicada, por exemplo, variando de 3 a 5 centímetros de espessura. Suponhamos que no orçamento foi considerada uma aplicação de 3 centímetros, mas a estrutura do prédio não ficou uniforme como se esperava e a aplicação necessária passou a ser de 6 centímetros. Imagine ainda que o período total para a execução desse trabalho fosse de sete meses e que você esteja fazendo a reavaliação do serviço no terceiro mês de execução (ainda faltam quatro meses). Quais informações utilizaria para calcular o total de argamassa necessária para conclusão da obra e, consequentemente, o custo revisado para esse serviço? O que lhe parece ser mais coerente e correto fazer? Não concorda que levar em consideração os coeficientes produtivos reais será mais eficiente do que levar em consideração as premissas adotadas? Ou, ainda, você pode fazer uma medição real da área restante e avaliar as condições para estimar com maior precisão quanto de material será necessário?

Parece um pouco óbvio quando o problema é exposto dessa forma, mas o interessante é notarmos que algumas variáveis devem ser levadas em consideração no momento de prever os custos faltantes para a conclusão do serviço ou mesmo da obra. Quais seriam essas variáveis? É possível citar pelo menos as seguintes:

A. Equipe disponível para a realização do levantamento.
B. Prazo do projeto.
C. Qualidade do levantamento dos dados.
D. Preços unitários atuais.

Vale ressaltar aqui que podemos considerar o GVA para auxiliar nessa difícil tarefa. A seguir constam as principais formas de utilização do GVA para prever os custos faltantes e apurar o valor final do projeto ou obra:

Tabela 20. Estimativas de custo para o projeto.
Fonte: autor.

Cálculo	Objetivo	Considerações
ENT = CR + (ONT – VA)	A estimativa considera que a obra ou o trabalho será concluído na mesma taxa orçada.	Utiliza-se esse cálculo quando se espera que eventos que ocorreram e que talvez tenham afetado o custo da obra até determinado momento não o afetarão no futuro e, por isso, utiliza-se o saldo orçamentário a agregar como estimativa para o término (EPT).
ENT = ONT / IDC	A estimativa considera que o seu desempenho futuro será igual ao passado.	Leva em consideração o Índice de Desempenho de Custo para cálculo.
ENT = CR + [(ONT – VA) / (IDC x IDP)]	Considerar as variáveis de tempo e custo.	Leva em consideração o Índice de Desempenho de Custo e de Prazo para cálculo.
ENT = CR + EPT *bottom-up*	Fazer uma nova estimativa de custo para conclusão.	Equipe trabalha em uma nova estimativa para calcular quanto de recurso ainda será necessário para conclusão da obra.

Fazendo a aplicação prática dessas estimativas em nosso projeto do prédio comercial, temos o seguinte, conforme dados extraídos da Figura 30:

Tabela 21. Exemplo de como estimar os custos para o projeto[15].
Fonte: autor.

	Mês 1	Mês 2	Mês 3	Mês 4	Mês 5	Mês 6	Mês 7
ENT (c/ base na taxa orçada)	R$ 50.000.000	R$ 49.984.404	R$ 49.967.851	R$ 49.949.140	R$ 49.927.915	R$ 49.904.954	R$ 49.881.533
ENT (c/ base no IDC)	R$ 50.000.000	R$ 49.736.426	R$ 49.651.602	R$ 49.607.861	R$ 49.581.263	R$ 49.564.150	R$ 49.552.807
ENT (c/ base no IDC e no IDP)	R$ 58.576.659	R$ 55.786.057	R$ 54.604.978	R$ 53.502.825	R$ 52.473.378	R$ 51.559.801	R$ 50.970.537
ENT (novo levantamento)	Novo cálculo pela equipe	Novo cálculo pela equipe	Novo cálculo pela equipe	Novo cálculo pela equipe	Novo cálculo pela equipe	Novo cálculo pela equipe	Novo cálculo pela equipe

Qual opção será a mais eficaz para a construtora? Você deve decidir com base no grau de confiabilidade das informações e no tempo disponível. Minha experiência mostra que, quando a equipe se dedica a fazer uma nova estimativa, o que também é conhecido no mercado como reorçamento da obra, as chances de acertos são bem mais altas.

Isso quer dizer que você deve utilizar o método que melhor auxilie na tomada de decisão. A questão é: não deixe de fazer! As estimativas permitem avaliar previamente o rumo que o projeto está tomando do ponto de vista financeiro. Ignorar esse fato poderá levar todo o projeto à ruína e comprometer os resultados esperados pela empresa.

6.4.3. Análises de desempenho

Como já vimos, o GVA é uma importante e poderosa ferramenta para auxiliar no gerenciamento financeiro do projeto. Ele ainda permite medir o desempenho da obra de duas formas muito simples, sendo que uma delas pode parecer óbvia, em especial quando se compara o orçamento inicial com a projeção revisada de custo da obra.

A Tabela 22 explica as duas formas mais conhecidas para tal análise:

---

[15] Premissa: o orçamento inicial, também chamado de orçamento no término (ONT), é de R$ 50.000.000,00.

Tabela 22. Indicadores de desempenho.
Fonte: autor.

Cálculo	Objetivo	Considerações
Índice de Desempenho para Término (IDPT) IDPT = (ONT – VA) / (ONT – CR)	Utilizar o Índice de Desempenho de Custo para demonstrar a eficiência necessária para finalizar o projeto conforme planejado.	Quanto o IDPT é maior que 1, requer que a equipe trabalhe com o desafio de recuperar o desempenho esperado ou planejado não atingido. Se o ONT não fizer mais sentido ou não for mais viável, é apurada uma nova ENT e a fórmula mudará para IDPT = (ONT – VA) / (ENT – CR).
Variação no Término (VNT) VNT = ONT – ENT	Demonstrar quanto o orçamento variou entre a nova estimativa e a estimativa inicial.	Se o resultado obtido for negativo, significa dizer que o valor inicial planejado (valor orçado) não foi suficiente para a conclusão da obra.

Não se pode esquecer também de avaliar se as reservas de contingência e as reservas gerenciais foram utilizadas, se ainda são suficientes ou, ainda, se haverá a necessidade de provisionar novas reservas decorrentes de eventos não esperados.

Agora que está claro como o GVA pode ser útil para calcular os resultados da obra, é essencial que sejam levantadas as causas das variações apuradas, sejam elas de impacto financeiro positivo ou negativo para o projeto.

Embora tenham sido encontradas as variações gerais atreladas ao custo total do trabalho ou do projeto, uma investigação a fundo deve ser feita. Partindo-se do pressuposto de que não estamos falando de alterações no escopo contratual, as principais causas de variação a serem investigadas podem dizer respeito a:

A. **Variação de custos unitários:** relação entre o custo unitário planejado e o realizado, normalmente advinda de condições do mercado ou mesmo do processo de aquisições.
B. **Variação de quantidades:** relação entre a quantidade planejada e a quantidade efetivamente utilizada, sendo que a variação normalmente está ligada a alguma ineficiência produtiva ou falha inicial do planejamento.
C. **Variação mista:** a variação de custos unitários e a variação de quantidades ocorrem simultaneamente.

Embora à primeira vista possa parecer complicado utilizar as técnicas de gerenciamento do valor agregado, destaco que, se houver um bom registro e controle dos custos do projeto, elas serão uma ferramenta importantíssima para a gestão e para a tomada de decisão, antecipando-se aos problemas comuns que ocorrem em muitas obras, como atrasos e estouros dos custos.

Acredito que seja uma boa ideia dar o primeiro passo, e este parece ser o mais fácil. Muito melhor começar por analisar o desempenho geral do projeto do que medir cada uma das atividades.

Com isso, o gestor terá condições de demonstrar o desempenho real da obra, indicando qual a sua tendência de resultado. Quem nunca fez as seguintes perguntas? O orçamento inicial será suficiente para realizar a obra? Quanto efetivamente foi agregado de valor em comparação ao que já foi desembolsado? O saldo de recurso financeiro para a obra será suficiente para concluí-la? Há uma tendência de atraso? Qual a melhor forma de avaliar o que falta realizar na obra? Sem dúvida, utilizando o GVA será possível identificar esses pontos.

Aí está uma oportunidade para o gerente da obra conseguir medir o desempenho financeiro de seu projeto, podendo tomar ações preventivas visando recuperar ou minimizar os resultados negativos ou desfavoráveis obtidos ou agir para maximizar o bom desempenho que vem sendo obtido na jornada.

Por outro lado, o gerente funcional ou gestor da empresa poderá utilizar os resultados obtidos por meio do GVA para debater estrategicamente com a equipe do projeto quais seriam as ações necessárias, alertando a diretoria acerca dos possíveis *gaps* existentes, tais como: exposição máxima de caixa, produtividade, etc.

6.5. Desafios que dificultam a gestão financeira

Você certamente concorda que, apesar de termos diversas ferramentas ao nosso alcance (como as citadas anteriormente), gerenciar financeiramente uma obra é uma tarefa desafiadora. Isso porque muitas variáveis não relacionadas diretamente ao gerenciamento dos custos, e sim a outras áreas de conhecimento de um projeto (por exemplo, prazo de execução da obra, alterações no escopo para todo o projeto e critérios de qualidade), podem impactar os resultados financeiros e comprometer o que foi inicialmente projetado.

Com isso em mente, vamos apresentar de forma resumida alguns dos muitos problemas que você já deve ter presenciado em obras que tenha acompanhado ou gerido. A ideia é pensar em como podemos minimizar os impactos negativos que esses eventos têm sobre os resultados esperados. Seria muita presunção tentar expor uma receita de como agir em cada um dos casos, pois teríamos que nos aprofundar primeiramente na estrutura envolvida em cada empresa, nos procedimentos existentes, na área de atuação e assim por diante.

6.5.1. Eventos na obra que influenciam a gestão financeira

Faça um mapa mental de possíveis fontes que afetam diretamente os custos ou que afetam indiretamente o resultado financeiro da obra. Pensou? Pegue um papel e um lápis e tente elencar o que, segundo o seu entendimento, contribui para afetar o custo. Veja, por exemplo, na Figura 31, alguns dos principais fatores que podem impactar positiva ou negativamente os resultados de uma obra:

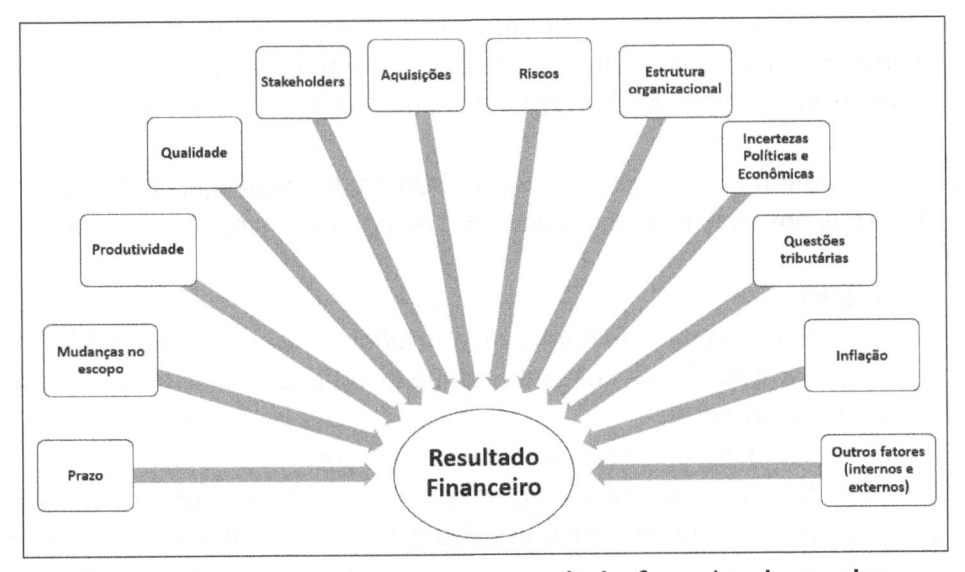

Figura 31. Fatores que podem impactar os resultados financeiros de uma obra.
Fonte: autor.

Pelo que pude observar ao longo dos muitos anos participando de diversos projetos, as influências ocorrem em diferentes fases ao longo do ciclo de vida da obra, desde o início até o pós-obra.

Observe a Figura 32:

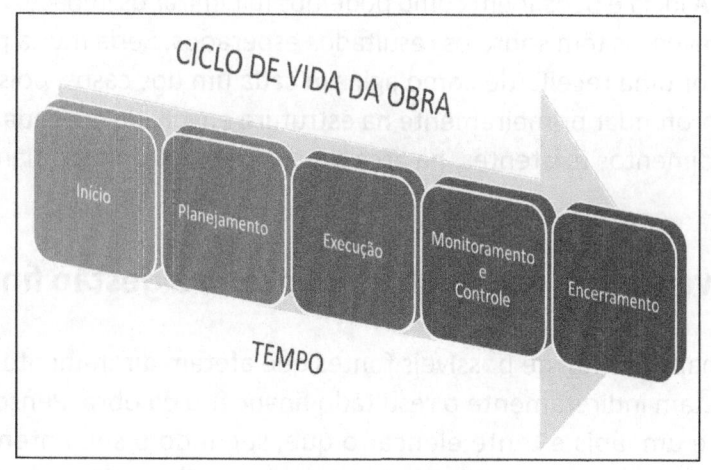

Figura 32. Ciclo de vida da obra.
Fonte: autor.

Como falamos no início deste capítulo, um projeto ou obra tem início e fim. Convido você leitor a exercitar um pouco a mente para tentar encaixar os problemas decorrentes dos seus projetos ao longo da sua duração.

Vou ajudá-lo um pouco ao trazer alguns pontos de maior relevância ou frequência que observei na prática. Vamos avaliar em que momento eles ocorrem:

> **Início:**
> – Não identificação efetiva dos *stakeholders* e de suas necessidades.
> – Formação inadequada da equipe de projetos (recursos humanos).
> **Planejamento:**
> – Estimativas e orçamentos subestimados.
> – Não identificação adequada dos riscos negativos (ameaças) e positivos (oportunidades), não havendo um plano de ação como resposta.
> – Deficiência na integração dos projetistas com os engenheiros de obra, o gestor financeiro, o gestor de aquisições, etc.

- Seguros mal contratados ou não gerenciados da forma adequada.
- Falta de definição ou definição vaga ou ambígua de critérios de aceitação.
- Sistema de aquisições ineficiente (contratações).
- Falta de planejamento e monitoramento dos impactos socioambientais.
- Provisionamento incorreto ou subutilização dos recursos a serem empregados no projeto (previsão financeira junto ao cliente), o que poderia gerar uma cobrança do custo de oportunidade do recurso parado em conta.
- Falta de procedimentos bem definidos para o processo de aquisição do projeto.
- Inexistência de planejamento e análise geral dos tributos exigidos pelos órgãos competentes, como prefeituras e previdência social, bem como falta de controle ao longo do gerenciamento dos contratos.

➢ **Execução:**
- Falta de interação dos projetistas com o canteiro de obra.
- Problemas de comunicação, principalmente entre os membros da equipe do projeto.
- Falta de engajamento da equipe de obra e, em especial, do gerente da obra.
- Problemas de não conformidade (retrabalhos) atrelados à qualidade (impacto na entrega, não cumprimento dos critérios de qualidade definidos pelo cliente), acarretando custos adicionais, ações corretivas e retrabalhos (durante a obra e no pós-obra – assistência técnica).
- Problemas decorrentes do fornecedor (atrasos no fornecimento, não pagamento dos funcionários e das obrigações fiscais, etc.).
- Improdutividade ou não cumprimento adequado do cronograma de execução.

➢ **Monitoramento e controle:**
- Falta de preocupação em administrar os *claims* (pleitos dos fornecedores), que podem gerar disputas jurídicas.
- Embargos decorrentes de descumprimento legal.
- Greves ou paralisações por falta de pagamento dos funcionários.
- Pagamento de serviços não executados ou executados de forma inadequada.

- Falha no controle da segurança do trabalho (processos, acidentes, etc.).
- Sistema de gerenciamento de projetos ineficiente ou subutilizado (ERP).
- Falta de controle sobre as mudanças ao longo do projeto, não havendo o devido aditamento do contrato considerando custos e prazos adicionais no momento em que os eventos ocorrem.

Com certeza a lista pode ser extensa, mas o ponto central é que os eventos que afetam positiva ou negativamente os objetivos financeiros do projeto ou obra são derivados de diversas fontes e normalmente estão atrelados à falta de planejamento para a execução do projeto. Além disso, é fundamental que ocorra uma integração constante entre todos os departamentos da empresa, entre as áreas de conhecimento relacionadas ao projeto e, principalmente, com o *sponsor* e o cliente. A seguir abordaremos a influência do cliente, tamanha a sua importância no projeto.

6.5.2. A influência do cliente

É importante delimitarmos o entendimento do que seria o cliente no contexto de obra a que estamos fazendo alusão. Estamos falando da figura do incorporador de obras privadas, que pode ser representado por um diretor, investidor ou sócio.

O objetivo aqui não é entrar na discussão de como os negócios surgem e por que as construtoras são contratadas para a realização das obras, nem como ocorrem os processos licitatórios e assim por diante. O objetivo é simplesmente mostrar a você, leitor, como o cliente pode afetar negativa ou positivamente a realização de uma obra.

Percebemos falhas em obras desde a concepção dos projetos arquitetônicos, de fundação, de estrutura, de instalações, etc., por isso é muito comum identificarmos deficiências na gestão, como a falta de planejamento, a redução da lucratividade e a geração de desperdícios.

Na grande maioria dos casos, o cliente é o responsável pela concepção da ideia da obra a ser realizada. Essa ideia é traduzida pelos projetistas, que, normalmente, trabalham sem conexão uns com os outros. Essa falta de sinergia muitas vezes dificulta ao cliente entender o que de fato ele precisa. Não basta olhar números! O mercado tem se tornado cada vez mais exigente. Quando o produto final não atende aos requisitos do mercado, já sabemos o resultado: estamos diante de um mico!

Voltando à parte central da nossa discussão, vem a pergunta: como o cliente influencia as variáveis de projeto ao longo da obra?

Bom, o cliente é o responsável pelos recursos financeiros e tem o poder de decisão. Mas isso não quer dizer que a construtora não pode ou não precisa participar das etapas que precedem ao início da obra. O que venho notando nos últimos anos é que, quando o incorporador estabelece um contrato prévio com a construtora, isso contribui muito para que que tudo corra sistemicamente e de acordo com o que vemos em gerenciamento de projetos. Noto também um movimento em que o incorporador começa a entender a necessidade de investir mais energia e recursos planejando o que será a obra e, dentro do possível, integrando a construtora ao processo. Tal prática tem tornado as interferências e os gastos suplementares de recursos financeiros cada vez menores.

O principal papel da construtora ao participar desses fóruns promovidos pelo cliente é propor soluções técnicas que otimizem a obra. Especialmente quando as obras são projetadas e planejadas utilizando processos de trabalho baseados em BIM, é fundamental discutir as soluções técnicas e práticas com quem irá executá-las de fato. Caso o contrato comercial estabelecido entre as partes (incorporadora e construtora) preveja somente a parte de pré-obra, os benefícios para o projeto serão duradouros. Na hipótese de uma nova empresa ser contratada para a execução da obra, grande parte dos possíveis erros e falhas técnicas já terá sido identificada.

Além disso, planejar não significa dizer que tudo acontecerá conforme o *script*. Mudanças no escopo do projeto ou nas especificações do produto podem ocorrer e normalmente ocorrem.

O incorporador muitas vezes solicita mudanças no decorrer do projeto, com frequência atropelando as etapas importantes que precedem o início da obra. Esses atropelos são comuns e costumam gerar resultados catastróficos sob o ponto de vista da gestão. Os problemas mais comuns são as disputas contratuais entre a construtora e o incorporador, tais como solicitações de suplementação do contrato original, aplicação de multa por atraso e assim por diante, que podem gerar:

> Impacto nos custos, no prazo e na qualidade do projeto decorrente das mudanças no escopo do projeto ou nas especificações do produto.
> Quebra da relação comercial ou confiança entre as partes.
> Multas e custos adicionais com o comprador final, tais como: multas pelo atraso na entrega, despesas condominiais, ocorrências elevadas de assistência técnica, gastos com advogados, entre outros.
> Perda de *market share* ou até mesmo danos à imagem ou marca das empresas envolvidas.

Como mitigar tais efeitos danosos à imagem da construtora e à saúde financeira do negócio é foco de discussão do Capítulo 7, que trata dos aspectos jurídicos em projetos dessa natureza.

O melhor a fazer parece ser um tanto óbvio, mas difícil de ser seguido: é necessário gastar tempo e recursos planejando! Sim, pensar é mais valioso do que apenas executar. É durante a fase de planejamento que surgem as dúvidas, as alternativas, as soluções, que, na maioria dos casos, otimizam (e muito) o resultado final do projeto.

Você se lembra do velho ditado de que a pressa é inimiga da perfeição? Essas simples palavras podem retratar o que representaria colocar metas comerciais ou prazos inatingíveis à frente do que é possível e prudente realizar. O desafio é necessário e saudável, mas um projeto que ninguém ou quase ninguém acredita ser possível realizar nas condições predefinidas tende a causar algum dano de alto impacto (para pelo menos uma das partes na relação contratante-contratada) ou levar ao total fracasso do projeto.

Estamos diante de um paradigma. Se, por um lado, o incorporador busca cada vez mais boas margens para se tornar competitivo no mercado brasileiro, atualmente deteriorado diante de clientes cada vez mais exigentes, por outro lado, as construtoras estão vivendo uma luta pela sobrevivência, que as pressiona a entrar e "comprar" o desafio sem saber claramente o que virá pela frente. O pensamento é: "vamos colocar o pé dentro da obra e depois damos um jeito".

A conscientização das duas partes em buscar sinergia para trabalhar conjuntamente tende a trazer benefícios financeiros para ambas e a agregar valor ao cliente final. Mas lembre-se de que sem pensar, ou sem planejar, isso será uma missão quase impossível (veja Capítulo 1).

6.5.3. Indefinições e mudanças: o que fazer?

Como acabamos de ver, o cliente é uma peça-chave no sucesso ou não do projeto e muitas vezes é em razão dele que surgem as diversas mudanças no produto final. Vamos separar as mudanças em cinco categorias distintas, para efeito de análise:

> - Mudanças para atender a necessidades técnicas não identificadas.
> - Mudanças definidas para atender a necessidades do mercado.
> - Mudanças decorrentes da falta de planejamento.
> - Mudanças obrigatórias por conta de novas regulamentações.
> - Mudanças em razão de força maior (incidente em obra, desastre natural, etc.).

Vamos refletir sobre como as construtoras podem minimizar os efeitos financeiros indesejáveis das mudanças em seu contrato. Concordamos que o cliente tem o poder de mudar, e que isso quase sempre ocorre, em baixo ou elevado grau, dependendo do planejamento ou da falta dele e da complexidade do projeto em questão.

Outro ponto importante é que nem sempre as mudanças resultarão em acréscimos monetários ao contrato. É possível haver mudanças que simplifiquem a execução do projeto, como, por exemplo, a mudança de especificação no uso de determinado material.

Imagine que, em nosso exemplo do edifício comercial, as áreas dos elevadores sociais tenham sido projetadas para serem executadas com um mármore especial importado, mas que o incorporador decidiu, previamente ao início da contratação desse serviço, alterar para um mármore nacional! Isso provavelmente significará uma redução no custo do material a ser adquirido.

Significa dizer, então, que nem todas as mudanças são ruins para o projeto. Além disso, a construtora deve promover propostas e soluções que possam reduzir o custo final do projeto ou incluir uma funcionalidade importante para ele, desde que não afete a qualidade e a integridade do produto final e, ainda, não incorra em algum tipo de ilegalidade, mesmo que isso signifique uma redução em seus ganhos finais. O contrário também é verdade, ou seja, a construtora não deve promover mudanças ou acréscimos desnecessários visando faturar mais.

Quando falamos do primeiro tipo de mudanças, aquelas decorrentes de necessidades técnicas não identificadas, elas requerem que a construtora esteja preparada para atuar de modo prático e ético. Participar de debates e propor soluções técnicas que visem otimizar o projeto são atitudes saudáveis. Por exemplo, suponha que a construtora tenha estudado uma forma melhor de executar as fundações da obra contratada, uma solução não discutida anteriormente. Isso significará uma redução nos custos e no prazo para execução do serviço. Não seria ético e prático compartilhar com o incorporador e deixá-lo decidir? Mas e se a ordem for invertida, ou seja, se o incorporador identificou algo diferente que possa ser executado para otimizar os resultados do projeto, não seria adequado fazê-lo? Depende.

Isso porque, para evitar que ocorra impacto financeiro negativo na obra, é essencial que a alteração a ser executada seja previamente registrada, formalizada e aprovada, para então ser executada ou implementada, como descrevem as boas práticas de gerenciamento de projetos (*PMBOK® Guide*). A prática do mercado, no entanto, acaba sendo bem diferente. Devido à correria, à falta de procedimento ou mesmo à crença de que no final tudo se resolve, a ordem do processo é invertida. Primeiro a construtora executa o serviço, para então cobrar do cliente. E qual a consequência disso? Já sabemos: discussão, perdas financeiras, potenciais pleitos e processos que se arrastam na Justiça, danificando, no mínimo, a imagem das partes e as relações entre elas.

Muitos incorporadores ficam incomodados quando recebem cobranças adicionais, mesmo sendo decorrentes de solicitações feitas por eles. Agora imagine quando tais cobranças ocorrem depois do serviço executado sem prévia consulta? As chances de a construtora ter o seu contrato aditado e receber por isso são bem menores. Os pontos mais discutidos entre as partes são:

> ➢ Quantidades apuradas.
> ➢ Valores unitários.

- Índices de correção.
- Custos fixos adicionais.
- Prazo adicional no projeto como um todo.

Além disso, estamos diante de um mercado em constante transformação, sendo necessário cada vez mais dedicar tempo à gestão. Embora os diversos problemas iniciais citados ocorram com frequência, é fundamental que a construtora implemente um processo forte de controle de mudanças, para evitar desembolsos adicionais que afetariam a sua lucratividade.

Ainda vale o lembrete de fazer exatamente o que o cliente contratou. Realizar serviços adicionais sem a aprovação ou solicitação do cliente gera custos adicionais desnecessários, que na maioria das vezes serão alocados no contrato da construtora, sem direito ao recebimento de valores adicionais.

6.6. Conclusão

Muitos são os desafios que o setor enfrenta, principalmente com a falta de planejamento, o que afeta fortemente a margem financeira do projeto. Contudo, vimos que a construtora não só pode como deve procurar se estruturar de maneira diferente, para estar mais bem preparada frente a um mercado em constante mudança e evolução.

Investir tempo na realização de estimativas de custos, para que fiquem bem-feitas, identificar as oportunidades e ameaças advindas do projeto, utilizar novos métodos construtivos que visem otimizar o projeto (ver Capítulo 5) são passos iniciais fundamentais para a busca de melhores resultados.

A forte degradação econômica do país desde meados de 2014 e a forma como o mercado atua têm frequentemente forçado as construtoras a deixar de lado o que acreditam ou o que acham possível ser feito. Os orçamentos acabam por não levar em consideração as melhores soluções técnicas, e sim a busca árdua por novos projetos, visando, em muitos casos, a sobrevivência.

Diante dessa realidade, a gestão por meio de um forte controle de custos torna-se fundamental. Se as informações estiverem disponíveis no tempo certo, ou seja, antes dos eventos ocorrerem, e forem corretamente interpretadas, isso permitirá uma ação preventiva, minimizando os impactos negativos. A atuação na gestão permitirá um controle das famosas mudanças tão comuns em projetos, sejam elas decorrentes de necessidades do mercado, de imposição do cliente ou mesmo de falhas de planejamentos mal executados ou inexistentes.

Buscar entender o cliente e estabelecer sinergia com ele também influencia significativamente o projeto, pois é o cliente quem decide o que fazer, e o caminho poderá ser alterado ao longo do percurso. Esse é o mercado, e a evolução para o planejamento prévio tem ocorrido lentamente, requerendo muito esforço por parte das construtoras.

Todos nós ansiamos por uma mudança no mercado, mas será que estamos dispostos a mudar também nossas práticas, nosso *mindset*? Só o tempo dirá!

Bibliografia

BARBOSA, C. et al. **Gerenciamento de Custos em Projetos.** 5.ed. Rio de Janeiro: FGV, 2014.

HELDMAN, K. **Gerência de Projetos:** guia para o exame oficial do PMI. 7.ed. Rio de Janeiro: Elsevier, 2015.

MAÇAHIKO, T. **Como evitar prejuízos em obras de construção civil.** São Paulo: PINI, 2011.

MARTINS, E. **Contabilidade de custos.** 9.ed. São Paulo: Atlas, 2006.

PMI. **Um guia do conhecimento em gerenciamento de projetos:** Guia PMBOK®. 5.ed. São Paulo: Saraiva, 2014.

VARGAS, R. V. **Análise de Valor Agregado:** revolucionando o gerenciamento de prazos e custos. 6.ed. Rio de Janeiro: Brasport, 2013.

XAVIER, C. M. da S.; XAVIER, L. F. da S.; MELO, M. **Gerenciamento de Projetos de Construção Civil:** uma adaptação da metodologia Basic Methodware®. Rio de Janeiro: Brasport, 2014.

7. O papel do jurídico em projetos de construção civil

Fabricio Ryoiti Barros Osaki

7.1. Apontamentos iniciais

O negócio da construção civil, seja qual for o tamanho do empreendimento, envolve diversos aspectos jurídicos.

Exclusivamente no plano urbano, quanto maior a cidade, maior tende a ser a regulação aplicável à construção civil; na cidade de São Paulo, por exemplo, além do Código de Obras, que regula licenças, autorizações administrativas e diversos outros aspectos construtivos, há um Plano Diretor, legislação que regula o parcelamento, o uso e a ocupação do solo urbano, assim como diversas outras normas, inclusive de ordem ambiental.

Esses códigos e normas contemplam apenas uma pequena perspectiva do negócio; afinal, depois da escolha e negociação do imóvel, com todos os contratos e registros relacionados, sucedem-se diversas etapas, como a obtenção de aprovações perante o poder público, a construção propriamente dita, as vendas, as garantias, entre outras que, sem exceção, têm um forte componente jurídico.

Com a edição da ABNT NBR 15575 – Norma de Desempenho, de julho de 2013, as responsabilidades dos envolvidos na construção civil foram realçadas.

O que se pretende, neste capítulo, é pontuar algumas preocupações relacionadas ao papel do jurídico na execução de uma obra.

7.2. Localizei um imóvel, parece uma ótima oportunidade. O que devo avaliar?

O conceito de propriedade, dentro de uma tendência que vem ganhando cada vez mais força ao longo das últimas décadas, deve ser lido em cotejo à ideia de função social, o que, no plano urbano, traduz-se pelo alinhamento com políticas de desenvolvimento delineadas pelo poder público. Como destaca Cretella Júnior (1993):

> "... a propriedade individual vai perdendo, aos poucos, o caráter absoluto e intangível dos primeiros tempos para tornar-se uma situação objetiva, constituída, antes de tudo, de deveres impostos aos proprietários, cujas prerrogativas estão condicionadas à satisfação desses deveres, que devem cair, entretanto, diante da utilidade pública, entendida em sentido amplo (*Traite de droit constituionnel*, 3. ed., 1930, vol. III, p. 388. Ver: DUEZ; DEBEYRE, *Traite de droit administratif*, 1952, p. 186) ..."

Para cidades com mais de vinte mil habitantes, a Constituição Federal estabelece a necessidade de haver um Plano Diretor aprovado pelo Poder Municipal, sendo relevante ressaltar a existência de textos normativos relativamente recentes que influem diretamente na fixação de políticas públicas de ordenamento do solo urbano, a exemplo do Estatuto da Cidade (Lei nº 10.257/2001) e do Estatuto da Metrópole (Lei nº 13.089/2015).

Assim, ao identificar um imóvel para um projeto é imprescindível avaliar a sua adequação às possibilidades de uso estabelecidas na legislação aplicável, e se tais possibilidades estão de acordo com o que se pretende realizar ali.

Quanto mais preciso e detalhado o projeto, maiores as chances de antever aspectos jurídicos relevantes, adotando-se precauções em tempo hábil.

Não são raras as notícias de empreendimentos imobiliários paralisados ou que tiveram obras e cronogramas readequados, com diversos reflexos jurídicos e financeiros, de forma a atender a ordens administrativas, reclamações de associações ou questionamentos do Ministério Público, tendo em conta impactos viários, ambientais, de vizinhança, entre outros.

Nem tudo é previsível. Contudo, quanto maiores a dedicação e o empenho em fases preparatórias, com aprofundado detalhamento e levantamento de informações, maiores as possibilidades de se ter uma análise jurídica mais eficaz, de forma a evitar (ou ao menos minimizar) contingências.

Não se discute a importância da avaliação da propriedade e da posse relacionadas ao imóvel, com levantamento de documentos particulares (e/ou de constituição societária). Nesse sentido, aliás, é comum que se exijam certidões em nome:

> - Do(s) proprietário(s) e de empresas de que participe(m), ou tenha(m) participado nos últimos dois anos (obtendo-se declaração em sentido negativo, com firma reconhecida, caso não tenha(m) participado); incluindo-se aí certidões cíveis, fiscais, trabalhistas e criminais (observando-se a data em que foram emitidas tais certidões e a data em que efetivamente se venha a concretizar o negócio).
> - Do imóvel, visando verificar a existência ou não: 1. de ônus reais, ou mesmo cláusulas de impenhorabilidade e/ou incomunicabilidade, 2. de gravames como penhoras, restrições administrativas, etc., 3. de ações judiciais e 4. de regularidade fiscal, administrativa, ambiental e/ou outra que se apresentar aplicável, a depender de suas características (e do que nele se explorava), de forma a se apurar se há débitos fiscais, irregularidades administrativas e/ou ambientais relacionadas, assim como ausência de qualquer licença aplicável e/ou regramento administrativo aplicável.

Tão importante quanto a análise de propriedade e posse, no entanto, é a análise das possibilidades de uso e edificação do imóvel.

Daí a necessidade de detalhamento, com informações as mais completas possíveis, bem como a troca de informações.

De acordo com a estruturação do negócio, e a depender do empreendedor, terão de ser avaliadas questões societárias e tributárias relacionadas ao negócio, que poderão implicar, inclusive, na criação de sociedades empresárias de propósito específico.

Já por aí se adianta o que, deixados aspectos técnicos de lado, é a ideia central desses comentários: o negócio da construção civil é interdisciplinar; o diálogo é essencial; enquanto não houver um consistente alinhamento entre os departamentos de projetos, engenharia, jurídico, financeiro e comercial, com efetivo empenho em todas as fases, sobretudo as preparatórias, haverá ruídos. E isso, a experiência tem amargamente demonstrado, custa certo valor. Cedo ou tarde, a conta bate às portas.

7.3. Limitações administrativas: direitos e deveres do administrado

7.3.1. Limites e competências

O direito de construir está regulado no Código Civil, mas comporta limitações administrativas, aqui tratadas em um sentido amplo.

O poder público, por meio da União, dos estados e dos municípios, dentro do papel relegado a cada um pela Constituição Federal, regula o uso e a ocupação do solo urbano por meio de leis e políticas públicas.

À União, na forma do art. 22, inciso XX, da Constituição Federal, compete "instituir diretrizes para o desenvolvimento urbano, inclusive habitação, saneamento básico e transportes urbanos".

Aos municípios, na forma do art. 182 da mesma Constituição Federal, compete a execução de políticas de desenvolvimento urbano, conforme diretrizes gerais fixadas em lei, com o objetivo de ordenar e desenvolver funções sociais da cidade, garantindo o bem-estar de seus habitantes.

União, estados e municípios, conforme incisos III, VI, VII e IX, do art. 23 da Constituição Federal, têm competência comum para, entre outros pontos, proteger obras e outros bens de valor histórico, artístico e cultural, assim como monumentos, paisagens naturais notáveis e sítios arqueológicos, meio ambiente, combater a poluição em qualquer de suas formas, preservar florestas, fauna e flora e promover a melhoria das condições habitacionais e de saneamento básico.

Concorrentemente, ou seja, de forma comum, concatenada, e obedecidas diretrizes legais, União, estados e municípios, conforme incisos I, VII e VIII do art. 24 da Constituição Federal, também podem legislar, entre outros pontos, sobre direito urbanístico, proteção ao patrimônio histórico, cultural, artístico, turístico e paisagístico, assim como responsabilidade por dano ao meio ambiente, ao consumidor, a bens e direitos de valor artístico, estético, histórico, turístico e paisagístico.

A depender de onde está localizado o imóvel, portanto, há um regramento próprio a ser observado (em âmbito federal, estadual e municipal).

Quanto maior a cidade, aliás, maior tende a ser a regulação existente, com aspectos relacionados aos impactos viários, ambientais, urbanísticos, etc., causados por um novo empreendimento.

A Lei nº 10.257, de 10 de julho de 2001, conhecida como "Estatuto da Cidade", trouxe regras importantíssimas relacionadas à ocupação urbana, definindo diretrizes gerais para persecução do interesse social, ao mesmo tempo em que estabelece instrumentos como a "outorga onerosa", as "operações consorciadas" e o "Estudo de Impacto de Vizinhança".

A partir desta lei são fixadas diversas diretrizes para planos diretores, no tocante ao parcelamento do solo, potencial construtivo e outros aspectos diretamente relacionados a possibilidades de uso do imóvel.

Mais recentemente, conforme antecipado em tópico anterior, entrou em vigência a Lei nº 13.089, de 12 de janeiro de 2015, que "Institui o Estatuto da Metrópole, altera a Lei nº 10.257, de 10 de julho de 2001, e dá outras providências".

O Estatuto da Metrópole estabelece regulação para as regiões metropolitanas, com regras para governança interfederativa e desenvolvimento urbano integrado.

As possibilidades de uso do solo urbano, como se vê, estão alinhadas a políticas públicas de desenvolvimento, envolvendo normas, aqui tratadas em um sentido amplo, de ordem federal, estadual e municipal. Há diversos aspectos envolvidos relacionados ao direito administrativo.

E o uso do solo é só o começo.

Avaliadas e acertadas as possibilidades de uso, inicia-se a obtenção de autorizações administrativas aplicáveis envolvendo a obra propriamente dita, que podem envolver a Prefeitura Municipal, órgãos públicos relacionados ao meio ambiente, departamentos reguladores de trânsito e mais uma infinidade de outras providências.

Embora cada aspecto tratado perante o poder público muitas vezes cause envolvimento em áreas técnicas diferentes, a relação que se estabelece, inevitavelmente, é a de um "administrado" com a "Administração Pública".

E no trato com o poder público – para isso se chama a atenção – há algumas normas básicas, aplicáveis a todo e qualquer processo administrativo.

7.3.2. Direitos e deveres do administrado

No âmbito federal, com aplicação subsidiária no âmbito estadual e municipal, tem-se a Lei nº 9.784, de 29 de janeiro de 1999, que estabelece normas básicas aplicáveis aos processos administrativos.

São exigíveis, nesse contexto, obediência aos princípios da legalidade, finalidade, motivação, razoabilidade, proporcionalidade, moralidade, ampla defesa, contraditório, segurança jurídica, interesse público e eficiência. Ou seja, o poder público deve ater-se à legislação aplicável, observada a finalidade pretendida; não pode praticar atos ou tomar decisões senão amparado em legislação.

Todos os atos e decisões do poder público, de igual modo, devem ser motivados, o que implica a necessidade de fundamentação explícita, clara e congruente.

O poder público deve agir com razoabilidade e proporcionalidade, o que se aplica indistintamente a todos os seus atos, diga-se, atos comissivos (conduta positiva) e omissivos (conduta negativa, como é o caso da inércia e do silêncio).

A moralidade, que se liga diretamente à transparência e à própria boa-fé objetiva, é essencial.

A ampla defesa e o contraditório devem ser assegurados em todos os processos administrativos, o que exige que as comunicações do poder público tragam menção expressa a prazos de defesa, regras aplicáveis e demais informações pertinentes. Deve ser respeitada a segurança jurídica, buscando-se sempre alcançar o interesse público com eficiência.

O(s) administrado(s), diga-se, todos os que lidam com o poder público, têm assegurados, na forma do art. 3º da Lei nº 9.784, de 29 de janeiro de 1999, os seguintes direitos:

> "I – ser tratado com respeito pelas autoridades e servidores, que deverão facilitar o exercício de seus direitos e o cumprimento de suas obrigações;
>
> II – ter ciência da tramitação dos processos administrativos em que tenha a condição de interessado, ter vista dos autos, obter cópias de documentos neles contidos e conhecer as decisões proferidas;
>
> III – formular alegações e apresentar documentos antes da decisão, os quais serão objeto de consideração pelo órgão competente;
>
> IV – fazer-se assistir, facultativamente, por advogado, salvo quando obrigatória a representação, por força de lei."

Deve o administrado, de outro lado:

> "I – expor os fatos conforme a verdade;
>
> II – proceder com lealdade, urbanidade e boa-fé;

III – não agir de modo temerário;

IV – prestar as informações que lhe forem solicitadas e colaborar para o esclarecimento dos fatos."

A Lei nº 9.784, de 29 de janeiro de 1999, estabelece em seu art. 6º, parágrafo único, que é "... vedada à Administração a recusa imotivada de recebimento de documentos, devendo o servidor orientar o interessado quanto ao suprimento de eventuais falhas".

Em outro ponto relevante, mais precisamente no art. 22, §2º, essa mesma legislação afirma que "salvo imposição legal, o reconhecimento de firma somente será exigido quando houver dúvida de autenticidade".

E vale insistir: a depender da localização do imóvel, deve ser avaliada, também, a existência de legislação própria estadual ou municipal regulando seus respectivos processos administrativos.

Dentro de cada processo administrativo, e observados esses princípios e regras, discutir-se-á a matéria de fundo, envolvendo a legislação específica ao tema, que poderá ser a aprovação de um projeto, uma adequação urbanística, ambiental ou de qualquer outra natureza, a obtenção de uma licença, a impugnação de uma multa ou outro ato administrativo.

Portanto, conhecer em profundidade o ambiente normativo aplicável ao empreendimento, tomando por base a localização e as características do imóvel, é importantíssimo para que o administrado saiba se posicionar perante o poder público.

Havendo inobservância a qualquer direito assegurado ao administrado, há, de qualquer sorte, o recurso ao Poder Judiciário, que, a depender do caso, pode avaliar e conceder decisões emergenciais, voltadas a evitar a ocorrência de dano.

Daí a importância da interdisciplinaridade, de um aprofundado empenho de todas as áreas envolvidas. Projetos, engenharia, jurídico, financeiro e comercial, cada um dentro de sua especialidade, devem detalhar, pormenorizar e avaliar em conjunto todas as fases, sobretudo as preparatórias. Da falta desse necessário empenho e diálogo, insista-se, é que pululam problemas.

7.4. Aspectos contratuais: elementos e preocupações básicas

7.4.1. Considerações iniciais

Além da regularidade administrativa do empreendimento perante o poder público, há diversas outras relações jurídicas que se estabelecem no negócio da construção civil.

Entendem-se por relações jurídicas todas e quaisquer negociações que gerem consequências jurídicas.

Embora tais relações, como regra, sejam instrumentalizadas em contratos escritos, isso não quer dizer que uma contratação ou um negócio jurídico só tenha valor quando feito por escrito.

Explique-se: há casos em que a lei, de fato, exige o atendimento de determinadas formalidades, sem as quais o ato não se apresenta válido e eficaz. É o caso da compra e venda de um imóvel que, para ter validade e eficácia, ou seja, para gerar efeitos no plano jurídico, viabilizando a efetiva transferência, deve ser feita por Escritura Pública e registrada em um Cartório de Imóveis. A formalidade é essencial à validade do ato.

Quando não há exigência legal, no entanto, prevalecem a liberdade e a autonomia de vontade das partes, de tal forma que é possível que uma relação jurídica venha a ser estabelecida verbalmente, sendo evidenciada, depois, a partir de comunicações escritas trocadas entre as partes (seja por meio eletrônico ou por qualquer outro que sirva de prova idônea).

Na perspectiva deste capítulo, a opção por contratações escritas é sempre apontada como a mais adequada; afinal, além de possibilitar às partes regrar de forma mais precisa os diversos aspectos relacionados ao que compete a cada uma delas, permite previamente discutirem, inclusive, procedimentos específicos para hipótese de eventuais divergências, como atrasos, interferências de terceiros, óbices administrativos, etc.

Privilegiada a forma escrita, auxiliam, sempre, algumas perguntas iniciais: quem vai contratar? O que será contratado? O que cabe a quem fazer e receber?

Quais prazos devo considerar? E o que me é importante e essencial para o bom desenvolvimento do projeto, mas só eu sei?

A partir dessas perguntas, que devem ser compartilhadas e somadas com as demais áreas envolvidas em um projeto, tiram-se algumas considerações que, guardadas as devidas proporções, servem para toda e qualquer relação contratual.

7.4.2. Identificação das partes

Toda contratação deve ter uma identificação clara e precisa das partes.

Seja qual for a contratação que se estiver estabelecendo, os contratantes e contratados devem ser devidamente identificados com nome completo, nacionalidade, estado civil, profissão, endereço (se houver mais de um tanto melhor, inclusive com CEP), números de identificação (ou seja, se pessoa jurídica, o do Cadastro Nacional de Pessoas Jurídicas do Ministério da Fazenda, CNPJ/MF, o de inscrição na Junta Comercial do Estado, ou mesmo de inscrição estadual; se pessoa física, o do Registro Geral – RG, com identificação do órgão expedidor e o de inscrição no Cadastro de Pessoas Físicas do Ministério da Fazenda, CPF/MF).

Havendo contratação com pessoas físicas casadas, ou mesmo em estado de união estável, convém a qualificação do cônjuge (ou do companheiro ou companheira, com declaração nesse sentido).

Com os dados das partes, convém dizer, viabilizam-se pesquisas preliminares; afinal, são possíveis pesquisas por nomes completos, por documentos de identificação, a exemplo de CNPJ, CPF, RG, entre outros, tanto em repartições públicas (como Receita Federal, Fazendas Estaduais e Municipais e Poder Judiciário) como em canais de reclamação *on-line*, assim como em diversos meios. A internet, para o bem ou para o mal, expõe a todos.

Identificadas as partes, que devem ser capazes juridicamente para os atos praticados, ou seja, deter capacidade civil e/ou estar devidamente constituídas e representadas na forma da lei, passa-se a definir o objeto, ou seja, o que as partes realmente estão contratando.

7.4.3. Objeto, direitos, obrigações, prazos

A preocupação em identificar clara e precisamente o que é o objeto da contratação, considerando regras e particularidades aplicáveis, também é premissa que vale para toda e qualquer relação jurídica.

Define-se, com igual precisão e clareza, tanto as funções, obrigações e deveres de um empregado dentro de sua relação empregatícia com o empregador como o escopo de um produto ou de um serviço que venha a ser contratado com um fornecedor ou com um consumidor.

Direitos e obrigações, nesse ínterim, devem receber especial atenção.

Se o cumprimento de determinadas obrigações interfere diretamente em outras, às vezes envolvendo terceiros, convém avaliar a cientificação disso a eventuais contratados para fins de responsabilidade. É questão jurídica, mas também estratégica e negocial.

Os prazos são também de suma importância, visto refletirem em relações trabalhistas, com fornecedores, consumidores, etc.

Para realçar a importância de obrigações e prazos, há várias possibilidades contratuais, que devem ser valoradas sob o ponto de vista jurídico; é possível estabelecer sanções, que podem ser retenções, multas, etc.; podem ser estabelecidos procedimentos para substituição específica e pontual, com ressarcimento; enfim, as possibilidades são várias, o que deve haver é uma efetiva análise interdisciplinar.

Além desses elementos básicos, toda contratação deve conter menção a data e local, tudo de forma a evitar discussões.

Feitas essas considerações, convém distinguir, ainda para efeitos desses comentários, as contratações: (a) relacionadas a empregados, (b) as de natureza comercial, estabelecidas com contratados (fornecedores de insumos e/ou serviços), e (c) as que poderão ser interpretadas à luz do Código de Defesa do Consumidor.

Sob cada uma dessas perspectivas são necessários cuidados próprios.

7.5. Particularidades próprias à natureza jurídica das contratações

7.5.1. Contratações com empregados

A reforma da legislação trabalhista, nos termos da Lei nº 13.467, de 13 de julho de 2017, alterou substancialmente as relações de trabalho.

Privilegiou-se, como justificativa para a reforma, a perspectiva de que se deveria dar maior valor à autonomia da vontade.

Algumas relações foram individualizadas, distinguindo-se, por exemplo, empregados tidos como "hipersuficientes", ou seja, aqueles que têm ensino superior, recebendo salário maior do que o equivalente a duas vezes o teto do benefício previdenciário.

Empregados com essas características passaram a poder negociar com o empregador condições diferentes das estabelecidas na CLT (Consolidação das Leis Trabalhistas).

O que vier a ser negociado por representantes de categorias, de outro lado, passa a ter prevalência sobre a CLT; o que não significa, claro, que tudo possa ser negociado; afinal, normas relacionadas à ordem pública, à dignidade e a outros valores fundamentais não poderão ser objeto de negociação.

Aposta-se, por assim dizer, na negociação coletiva como instrumento de promoção das políticas públicas para o desenvolvimento e incentivo do trabalho.

Algumas negociações, aliás, passam a poder ser feitas diretamente com empregados, como é o caso do banco de horas semestral, antes dependente de negociação coletiva, e que se torna passível de negociação individual, desde que feita por escrito.

Há, a partir da Lei nº 13.467, de 13 de julho de 2017, diversas alterações nas relações trabalhistas.

São alvo de mudança a jornada de trabalho, inclusive a sua duração (com regulamentação da jornada de 12x36), os intervalos intrajornada, o tempo de trabalho na empresa, o trabalho das gestantes, as férias, assim como diversos outros aspectos. Foram alterados quase duzentos artigos.

Há regulação de "home-office", assim como de "trabalho intermitente", que passa a ser definido no §3º do art. 443 da Consolidação das Leis Trabalhistas como sendo aquele:

> "... no qual a prestação de serviços, com subordinação, não é contínua, ocorrendo com alternância de períodos de prestação de serviços e de inatividade, determinados em horas, dias ou meses, independentemente do tipo de atividade do empregado e do empregador."

É de se registrar, no entanto, que essas novas regras trabalhistas ensejaram, tanto durante o processo legislativo quanto depois de aprovadas, diversos questionamentos sob perspectivas constitucionais e de tratados internacionais.

Segue daí que, evidenciada, de qualquer forma, precarização das relações de trabalho, via utilização de mecanismos/subterfúgios que imponham condições de trabalho excessivas, degradantes ou que coloquem em xeque princípios como a dignidade, poderão surgir questionamentos.

O adequado cumprimento das normas trabalhistas, com observância às convenções de cada categoria, assim como demais regras aplicáveis a cada situação, como o atendimento a normas de segurança do trabalho, precauções em relação a ambientes insalubres, etc., continua, assim, essencial.

Além da Justiça Trabalhista ser conhecida por seu viés social, muitas das alterações implementadas pela Lei nº 13.467, de 13 de julho de 2017, vão demandar certo tempo de maturação, o que recomenda cautela.

Permanecem essenciais, desse modo, preocupações quanto à eficiência de registros relacionados à contratação, frequência, horário, recebimento de salários, auxílios e outros pontos relevantes à especificidade de cada trabalhador (bem como seu ambiente de trabalho).

A deficiência de registros escritos pode contribuir sensivelmente para resultados negativos.

E vale uma última recomendação: dentro das relações trabalhistas, em especial no trato entre empregador e empregados, devem ser coibidos excessos que possam ser interpretados como assédio, ensejando questionamentos por dano moral.

O cuidado com o linguajar, com o tom de voz, com comentários tidos por politicamente incorretos, porquanto racistas, preconceituosos ou de qualquer modo ofensivos, além de inadequados e, por isso, condenáveis, podem ensejar consequências jurídicas.

7.5.2. Contratações com fornecedores de insumos e serviços

Sob a perspectiva das contratações de natureza comercial, estabelecidas com fornecedores de insumos e/ou serviços, os cuidados tanto com a contratação em si quanto com o acompanhamento contratual são igualmente imprescindíveis.

Pesquisas prévias antes de contratar, conforme ponderado em linhas precedentes, são sempre adequadas.

O acesso a informações por meio digital é cada vez maior. É possível, digitalmente, fazer pesquisas de distribuições cíveis, fiscais, trabalhistas, avaliar participação em empresas e verificar existência de reclamações em canais específicos. Esse cuidado é essencial.

Definido o contratado, ou os contratados, convém deixar em registro cópia de atos constitutivos, na hipótese de pessoas jurídicas, ou documentos pessoais, em caso de pessoas físicas.

Em se tratando de pessoas jurídicas, inclusive, é recomendável o registro de cópia dos documentos pessoais de seus representantes.

No preenchimento dos contratos, devem ser conferidos nomes, documentos, endereços, com apontamentos os mais completos possíveis. Informações complementares do endereço, inclusive CEP (Código de Endereçamento Postal), são fundamentais.

Deve ser apontado o local de assinatura, assim como a data.

A definição do objeto contratado deve ser a mais precisa possível, com clara delimitação de direitos, obrigações e responsabilidades de cada parte, adequados à especificidade de cada negócio.

Seja um produto ou um serviço, quanto mais precisos forem a descrição e o detalhamento contratual, tanto melhor.

Devem estar devidamente estabelecidos no contrato o valor do negócio, sua forma de pagamento, os prazos relacionados, assim como todos os direitos e obrigações de parte a parte.

Os prazos são importantíssimos ao adequado desenvolvimento de um projeto, sendo conveniente, sempre que possível, o estabelecimento de cronograma de datas e tarefas, com regras precisas, inclusive, quanto a hipóteses de descumprimento.

Muitas vezes há providências interligadas, de tal forma que o descumprimento de obrigações por parte de um determinado contratado impacta diretamente em outras contratações, com reflexo direto em todo o cronograma do projeto.

Além de obrigações próprias a cada uma das partes dentro do específico objeto da contratação, ou seja, ao que deve ser entregue, suas características e prazos envolvidos, é importante também regular e fiscalizar o cumprimento de obrigações trabalhistas.

Com a edição da Lei nº 13.429, de 31 de março de 2017, que dispõe sobre "relações de trabalho na empresa de prestação de serviços a terceiros", a princípio consagra-se a responsabilidade subsidiária do tomador de serviço.

Explique-se: a responsabilidade pode ser imputada de forma solidária ou subsidiária.

Havendo responsabilidade solidária, qualquer devedor responde pelo cumprimento da obrigação inadimplida, independentemente de ordem; havendo responsabilidade subsidiária, primeiro responde o efetivo devedor e, depois, uma vez esgotadas as tentativas de recebimento da dívida perante este último, demanda-se o responsável subsidiário.

Diz o art. 9º, da Lei nº 13.429, de 31 de março de 2017, em seu *caput*, que o "contrato celebrado pela empresa de trabalho temporário e a tomadora de serviços será por escrito, ficará à disposição da autoridade fiscalizadora no estabelecimento da tomadora de serviços e conterá", na forma do §7º desse mesmo dispositivo legal, a "contratante é subsidiariamente responsável pelas obrigações trabalhistas referentes ao período em que ocorrer o trabalho temporário, e o recolhimento das contribuições previdenciárias observará o disposto no art. 31 da Lei nº 8.212, de 24 de julho de 1991".

Havendo contratação de prestadores de serviço, com descumprimento de obrigações trabalhistas por parte do contratado, portanto, primeiro responde patrimonialmente o devedor principal, que é o efetivo empregador, para só depois ser chamado à responsabilidade (subsidiária) o tomador de serviço (contratante).

Mesmo que a responsabilidade do tomador de serviço (contratante) seja subsidiária, isso não quer dizer que a conta não irá chegar; isso pode acontecer, caso haja inadimplemento do contratado (e insuficiência financeira para responder pelas obrigações trabalhistas inadimplidas).

Justamente por isso é que se afirma ser de suma importância para o negócio da construção civil definir responsabilidades por obrigações trabalhistas, em especial regras de fiscalização (com efetivas providências nesse sentido), assim como procedimentos para eventuais problemas relacionados, ou seja, não só o ressarcimento do prejuízo direto que vier a ser suportado, inclusive com apontamento de prazos e multas aplicáveis, como também regras para apresentação de defesas, custos relacionados, etc.

A adequada e periódica conferência do cumprimento de obrigações trabalhistas, o armazenamento de cópias de recibos de pagamento de salários, de comprovantes de eventuais horas extras praticadas, de recebimento de auxílios, de recolhimentos fiscais e de contribuições previdenciárias, entre outros tipos de documentos que se aplicam ao caso, podem não afastar o risco de responsabilização subsidiária, porém auxiliam a minimizar a exposição da empresa, ajudando-a na adoção de medidas de contenção.

Não é demais lembrar que o descumprimento de obrigações reciprocamente acertadas por parte de um contratante autoriza o outro a suspender o adimplemento em favor da parte inadimplente, ou seja, se uma parte não cumpriu a sua parte no combinado, a outra não tem a obrigação de cumprir a sua parte.

Essa é a regra estabelecida no art. 476 do Código Civil: "nos contratos bilaterais, nenhum dos contratantes, antes de cumprida a sua obrigação, pode exigir o implemento do outro".

Outro ponto importante a ser disciplinado diz respeito à comunicação.

É preciso definir com clareza como as informações serão trocadas (com endereços, físicos ou eletrônicos, válidos para tanto) e, mais que isso, fazer com que realmente sejam trocadas.

Prazos, ocorrências, problemas, consequências, enfim, tudo o que for relevante e impactar no curso contratual deve ser registrado por escrito.

É possível, como ponderado em linhas precedentes, estabelecer as mais variadas penalidades, observados os limites legais, tudo de forma a coibir eventuais inadimplementos. É possível exigir garantias, tanto de direito real como pessoal, a depender do que se está contratando. A depender do prazo de duração do contrato, devem ser avaliados índices de reajustes ou outros fatores externos que poderiam justificá-los, ou expressamente serem definidos como não suficientes a tanto. É possível exigir, ou contratar, seguros específicos, tanto para situações relacionadas à incapacidade de uma parte de honrar com seus compromissos quanto para situações que, extraordinariamente, poderão vir a acontecer, impactando o curso contratual. Nesses casos, poderá ser interessante tratá-las como situações de caso fortuito ou força maior.

As hipóteses de rescisão contratual devem estar bem definidas, com regras claras e factíveis quanto a prazo e procedimentos.

Deve ser estabelecido, de plano, se haverá, ou não, possibilidade de subcontratações e saques de títulos de crédito, entre outras questões relacionadas à entrada de terceiros no negócio.

Caso existam informações sigilosas, o que pode ser alegado por quaisquer das partes, é possível regular confidencialidade, inclusive com penalidades em caso de descumprimento.

Deve haver preocupação quanto ao foro competente, assim como legislação aplicável, caso haja eventuais divergências entre as partes.

A definição prévia pela resolução de conflitos por arbitragem é uma possibilidade que tem sido adotada com frequência. É possível definir uma Câmara Arbitral competente, entre outras regulações possíveis, inclusive com avaliações tocantes a custos e demais aspectos envolvidos.

Esses elementos devem ser avaliados em cada contratação, observadas as especificidades próprias a cada negócio.

E convém, aqui, uma menção especial à ABNT NBR 15575, de 2013, que trata de projetos envolvendo edificações habitacionais.

Isso porque, a partir da ABNT NBR 15575, de 2013, mais especificamente do estipulado na "Parte 1 – Requisitos Gerais", item 5.3, "cabe ao projetista o papel de especificar materiais, produtos e processos que atendam o desempenho mínimo estabelecido nesta parte da ABNT NBR 15575 com base nas normas prescritivas e no desempenho declarado pelos fabricantes dos produtos a serem empregados em projeto".

Dessa mesma ABNT NBR 15575, de 2013, "Parte 1 – Requisitos Gerais", item 5.4.1, tira-se que "... é da incumbência do incorporador, de seus prepostos e/ou dos projetistas envolvidos, dentro de suas respectivas competências, e não da empresa construtora, a identificação dos riscos previsíveis na época do projeto, devendo o incorporador, neste caso, providenciar os estudos técnicos requeridos e prover aos diferentes projetistas as informações necessárias. Como riscos previsíveis, exemplifica-se: presença de aterro sanitário na área de implantação do empreendimento, contaminação do lençol freático, presença de agentes agressivos no solo e outros riscos ambientais".

Na forma do item 6.2.1 dessa referida ABNT NBR 15575, de 2013,

> "Parte 1 – Requisitos Gerais", "(...) os projetos de arquitetura, da estrutura, das fundações, contenções e outras eventuais obras geotécnicas devem ser desenvolvidos com base nas características do local da obra (topográficas, geológicas etc.), avaliando-se

convenientemente os riscos de deslizamentos, enchentes, erosões, vibrações transmitidas por vias férreas, vibrações transmitidas por trabalhos de terraplenagem e compactação do solo, ocorrência de subsidência do solo, presença de crateras em camadas profundas, presença de solos expansíveis ou colapsíveis, presença de camadas profundas de deformáveis e outros".

Devem ser considerados, ainda, "riscos de explosões oriundas do confinamento de gases resultantes de aterros sanitários, solos contaminados, proximidade de pedreiras e outros, tomando-se as providências necessárias para que não ocorram prejuízos à segurança e à funcionalidade da obra" (ABNT, 2013).

De igual modo, estabelece a ABNT NBR 15575, de 2013, que:

"6.2.2 Entorno

Os projetos devem ainda prever as alterações entre construções próximas, considerando-se convenientemente as eventuais sobreposições de bulbos de pressão, efeitos de grupo de estacas, rebaixamento do lençol freático e desconfinamento do solo em função do corte do terreno.

Tais fenômenos também não podem prejudicar a segurança e a funcionalidade da obra, bem como de edificações vizinhas.

O desempenho da edificação está intimamente associado a todos os projetos de implantação e ao desempenho das fundações, devendo ser atendidas as disposições das normas aplicáveis, particularmente das ABNT 8044, ABNT NBR 5629, ABNT NBR 11682, ABNT NBR 6122 e ABNT NBR 22.

6.2.3 Segurança e estabilidade

Do ponto de vista da segurança e estabilidade ao longo da vida útil da estrutura devem ser consideradas as condições de agressividade do solo, do ar e da água na época do projeto, prevendo-se, quando necessário, as proteções pertinentes à estrutura e suas partes".

As alterações trazidas pela NBR 15575, de 2013, impactam, e devem ser consideradas, nas contratações relacionadas.

Certamente, cada contratação, porquanto específica, implicará preocupações próprias.

Por pressa, desatenção ou qualquer outro motivo, informações cadastrais importantíssimas às vezes são deixadas de lado, assim como particularidades que deveriam ser devidamente levantadas e valoradas em cada tipo de negócio. E as consequências são as piores possíveis.

De outro lado, não são raros ajustes que, feitos de improviso, acabam depois ensejando divergências, arbitrais ou judiciais, que, por si só, fazem necessária a análise de registros e comunicações trocadas, igualmente com custos relacionados.

De forma que a parte tenha segurança em relação a seus atos dentro de uma relação contratual, convém que registre o quanto entende pertinente para preservação de seus direitos, ficando atenta, de igual modo, com o que deixa registrado, ou seja, para preservar seus direitos dentro de um contrato, recomenda-se fazer o registro de todos os seus atos, com atenção também para o que deixa registrado.

A depender do que se tenha de alteração fática, pode haver a necessidade de um reajuste contratual, a ser instrumentalizado em documento próprio, com ratificação de regras não alteradas, ou seja, se durante o tempo do contrato a situação mudou o relacionamento e a divisão do trabalho entre as partes, pode ser necessário realizar um aditivo ao contrato.

Além disso, todo e qualquer fato relevante do ponto de vista contratual, quando não enseje realização de aditivo contratual, deve ser objeto de um registro preciso e detalhado, apontando data, hora, descrição do acontecimento, alusão a eventuais consequências, pedido de providências, com apontamento de prazo, se for o caso, assim como outras informações pertinentes.

7.5.3. Contratações envolvendo relações de consumo

Quando a contratação envolver relações de consumo, ou seja, consumidores na acepção jurídica do termo (diga-se, aqueles que adquirem produtos ou serviços enquanto destinatários finais, não os utilizando, portanto, em sua cadeia produtiva), é preciso pontuar a incidência de regras próprias em benefício daquele assim identificado.

O consumidor, assim reconhecido juridicamente, tem como prerrogativa a facilitação da defesa de seus direitos, inclusive com possibilidade da inversão do ônus da prova.

Segue daí que, em uma discussão judicial em que o foco seja uma relação de consumo, poderá ser atribuído ao fornecedor de produtos e serviços o ônus de provar suas alegações, existindo presunção de veracidade em favor das alegações do consumidor.

E destaque-se, porque importante: caracterizada uma relação de consumo, respondem perante o consumidor, independentemente de culpa, todos os envolvidos na cadeia produtiva, inclusive por informações insuficientes ou inadequadas. O Código de Defesa do Consumidor é expresso nesse sentido:

> "Art. 12. O fabricante, o produtor, o construtor, nacional ou estrangeiro, e o importador respondem, independentemente da existência de culpa, pela reparação dos danos causados aos consumidores por defeitos decorrentes de projeto, fabricação, construção, montagem, fórmulas, manipulação, apresentação ou acondicionamento de seus produtos, bem como por informações insuficientes ou inadequadas sobre sua utilização e riscos."

> "Art. 14. O fornecedor de serviços responde, independentemente da existência de culpa, pela reparação dos danos causados aos consumidores por defeitos relativos à prestação dos serviços, bem como por informações insuficientes ou inadequadas sobre sua fruição e riscos."

Ou seja, mesmo antes da ABNT NBR 15775, de 2013, que, entre outras providências, realça a responsabilidade dos partícipes da construção civil, o Código de Defesa do Consumidor já dava tal atribuição a todos os envolvidos.

Ainda sob a perspectiva do Código de Defesa Consumidor, problemas decorrentes da má execução ou do emprego de materiais inadequados serão sempre passíveis de responsabilização.

Obras para as quais não haja manutenção hábil a solucionar os problemas existentes, sempre que se fizerem necessários reparos em estruturas e instalações, por exemplo, podem ser entendidas como produtos inadequados aos fins a que se destinam.

Não se pode admitir, por exemplo, que a falta de lavagem ou limpeza de revestimentos cerâmicos em fachadas, ou seja, conduta realmente própria à manutenção, seja interpretada como causa de desplacamento de revestimento da fachada em período inferior a cinco anos da conclusão da edificação.

A ausência de manutenção, pura e simplesmente, não seria suficiente para justificar o desplacamento precoce, forçando exames mais aprofundados, de forma a avaliar os métodos construtivos e materiais empregados.

O mesmo raciocínio se aplica não só às fachadas, mas a todos os itens que são objeto da ABNT NBR 15575, de 2013.

O atendimento às expectativas do consumidor, observadas as especificidades de cada produto ou serviço ofertado, está assegurado no Código de Defesa do Consumidor:

> "Art. 18. Os fornecedores de produtos de consumo duráveis ou não duráveis respondem solidariamente pelos vícios de qualidade ou quantidade que os tornem impróprios ou inadequados ao consumo a que se destinam ou lhes diminuam o valor, assim como por aqueles decorrentes da disparidade, com as indicações constantes do recipiente, da embalagem, rotulagem ou mensagem publicitária, respeitadas as variações decorrentes de sua natureza, podendo o consumidor exigir a substituição das partes viciadas.
>
> (...)
>
> §6º São impróprios ao uso e consumo:
>
> (...)
>
> III – os produtos que, por qualquer motivo, se revelem inadequados ao fim a que se destinam."

"Art. 20. O fornecedor de serviços responde pelos vícios de qualidade que os tornem impróprios ao consumo ou lhes diminuam o valor, assim como por aqueles decorrentes da disparidade com as indicações constantes da oferta ou mensagem publicitária, podendo o consumidor exigir, alternativamente e à sua escolha:

I – a reexecução dos serviços, sem custo adicional e quando cabível;

(...)

§ 1° A reexecução dos serviços poderá ser confiada a terceiros devidamente capacitados, por conta e risco do fornecedor.

§ 2° São impróprios os serviços que se mostrem inadequados para os fins que razoavelmente deles se esperam, bem como aqueles que não atendam as normas regulamentares de prestabilidade."

Toda oferta feita ao consumidor obriga o ofertante, na forma do Código de Defesa do Consumidor, a prestar informações claras a respeito do produto que oferta, conforme pode ser lido a seguir:

"Art. 30. Toda informação ou publicidade, suficientemente precisa, veiculada por qualquer forma ou meio de comunicação com relação a produtos e serviços oferecidos ou apresentados, obriga o fornecedor que a fizer veicular ou dela se utilizar e integra o contrato que vier a ser celebrado.

Art. 31. A oferta e apresentação de produtos ou serviços devem assegurar informações corretas, claras, precisas, ostensivas e em língua portuguesa sobre suas características, qualidades, quantidade, composição, preço, garantia, prazos de validade e origem, entre outros dados, bem como sobre os riscos que apresentam à saúde e segurança dos consumidores."

O que consta em panfletos de venda, anúncios publicitários, o que é falado e prometido por corretores na presença de testemunhas, enfim, tudo o que for ofertado ao consumidor, desde que evidenciado, deve ser entregue.

O Código de Defesa do Consumidor é uma legislação que deve ser lida em prol do consumidor; quando estabelece o dever de atendimento às normas técnicas, assim o faz em interpretação harmônica de todo o sistema legal existente:

> "Art. 39. É vedado ao fornecedor de produtos ou serviços, dentre outras práticas abusivas: (...)
>
> III – colocar, no mercado de consumo, qualquer produto ou serviço em desacordo com as normas expedidas pelos órgãos oficiais competentes ou, se normas específicas não existirem, pela Associação Brasileira de Normas Técnicas ou outra entidade credenciada pelo Conselho Nacional de Metrologia, Normalização e Qualidade Industrial (Conmetro); (...)"

Em relações de consumo, assim, o que importa é a entrega de um produto ou serviço com a qualidade média que se pode esperar a partir das características desse produto ou serviço, somado ao que foi ofertado.

Sendo o produto uma construção, ou seja, tipo de produto ao qual se atrelam os conceitos de "solidez" e "segurança", delineados no art. 618 do Código Civil, é possível, sob a perspectiva do Código de Defesa do Consumidor, interpretação ampla em relação à adequação.

A ABNT NBR 15775, de 2013, ao tratar o desempenho, incrementa responsabilidades, não afastando, de nenhum modo, garantias legais e direitos assegurados.

A existência de vícios, defeitos construtivos ou mesmo desconformidades técnicas e de projetos, consubstanciadas em má execução ou emprego de materiais inadequados, continua ensejando responsabilidade civil, independentemente de prazos de desempenho ou mesmo da realização de manutenções (caso evidenciado que o problema não se resolveria com manutenção).

É bem verdade que, provado o agravamento de uma determinada situação em função da falta de manutenção, poderá haver atenuação de responsabilidades. Essa, no entanto, será questão probatória, sendo recomendável, em prol da preservação da prova, que seja feita consensualmente ou, quando isso não se apresentar viável, judicialmente, tão logo constatado o problema.

Novos métodos construtivos, nesse contexto, devem ter preocupação redobrada em relação à eficiência apresentada; afinal, na eventualidade de haver qualquer problema relacionado, as discussões darão ensejo não apenas à prova da adequação executiva, como da própria eficiência e adequação do método (caso não normalizado tecnicamente).

E vale o registro: tratando-se de construção civil, tem prevalecido o entendimento da Súmula n. 194, do STJ, de que a responsabilidade do construtor por vícios, defeitos construtivos e desconformidades técnicas é de cinco anos. Esse prazo funciona como garantia, dentro do qual se tem responsabilidade objetiva, ou seja, independentemente da demonstração de culpa, após o que começa a fluir o prazo prescricional geral (que era de vinte anos na vigência do Código Civil de 1916 e passou para dez anos a partir do Código Civil de 2002).

> "Art. 618. Nos contratos de empreitada de edifícios ou outras construções consideráveis, o empreiteiro de materiais e execução responderá, durante o prazo irredutível de cinco anos, pela solidez e segurança do trabalho, assim em razão dos materiais, como do solo."
>
> SÚMULA 194 – STJ:
>
> "Prescreve em vinte anos a ação para obter, do construtor, indenização por defeitos da obra."

7.6. Conclusão

O negócio da construção civil envolve diversas áreas de conhecimento, fazendo necessária a junção de diferentes especialidades, tanto do direito como de outras áreas. Para o bom desenvolvimento de um projeto é preciso, cada vez mais, uma visão interdisciplinar que coordene as áreas envolvidas.

Quanto mais detalhado um projeto, com entrosamento entre os departamentos de projetos, engenharia, jurídico, financeiro e comercial, com efetivo empenho em todas as fases, sobretudo as preparatórias, otimiza-se o resultado, permitindo evitar ou, ao menos, minimizar pendências.

É essencial saber o que será feito, como será feito, de que forma será comercializado e tudo o mais relacionado ao empreendimento.

Por falta de comunicação e entrosamento entre áreas técnicas, muitas vezes são implementadas soluções de improviso, que apenas transferem problemas para o futuro, deixando uma conta maior para ser acertada no final, o que aumenta a tensão entre as partes.

Não só o que está no contrato e nos seus eventuais anexos e adendos, mas também memorandos de entendimento, correspondências, mensagens eletrônicas, conversas de WhatsApp, etc. podem servir de prova e vincular seus subscritores.

Na forma do art. 369 do Código de Processo Civil vigente, que dita procedimentos aplicáveis às disputas cíveis levadas ao Judiciário: "as partes têm o direito de empregar todos os meios legais, bem como os moralmente legítimos, ainda que não especificados neste Código, para provar a verdade dos fatos em que se funda o pedido ou a defesa e influir eficazmente na convicção do juiz".

Embora o Diário de Obra, prioritariamente, sirva de base aos registros do que acontece no empreendimento, não raro apresenta dados incompletos, descrições extremamente sucintas ou mesmo unilaterais.

E é aí que entra a regra de que podem servir de prova "todos os meios legais, bem como os moralmente legítimos".

O que não está registrado no Diário de Obra, ou em outros canais de comunicação estabelecidos dentro do projeto, pode ser provado por meio de testemunhas, vídeos ou, repita-se, por "todos os meios legais, bem como os moralmente legítimos".

É preciso preocupação, assim, com todos os registros que são feitos, qualquer que seja o meio, valendo especial atenção àqueles feitos em meios de comunicação como aplicativos (a exemplo do WhatsApp) e redes sociais.

Da mesma maneira que aconteceu com as mensagens eletrônicas quando a internet ainda era algo incipiente, verifica-se, não raras vezes, que mensagens trocadas por aplicativos são enviadas sem nenhuma revisão crítica prévia.

Percebe-se uma relativa despreocupação em relação às discussões realizadas em grupos de WhatsApp, às filmagens e fotografias feitas ou mesmo ao quanto se divulga em redes sociais.

Muitas vezes esses registros são base para a formação, ou mesmo a resolução, de diversos problemas.

Mais uma vez se pondera, aqui, a importância do entrosamento entre as áreas envolvidas no negócio da construção civil, sobretudo certa perspectiva jurídica, com avaliação de riscos e consequências.

Cumprir regramentos administrativos, ater-se a normas trabalhistas, fiscalizando seu cumprimento por parte de contratados, adequar com precisão instrumentos contratuais, zelando pela fidelidade e eficiência na troca de informações, enfim, tudo isso certamente exige esforço e diversas providências.

As consequências negativas do famoso "jeitinho", no entanto, parecem ter alcançado uma dimensão que força uma mudança de perspectiva.

Em um mercado cada vez mais regulado, dentro do qual os memoriais descritivos devem ser muito mais técnicos do que estéticos, com preocupações quanto a desempenho dos materiais e da própria edificação, o alinhamento dos diversos partícipes do negócio da construção civil, entre os quais o jurídico, é uma necessidade.

Ao longo das últimas décadas, o acesso ao Poder Judiciário viu-se facilitado.

Por meio do Código de Defesa do Consumidor (Lei nº 8.078/90), criou-se um subsistema legal em favor do destinatário final de produtos ou serviços, diga-se, consumidor na acepção legal do termo.

A Lei do Juizado Especial (Lei nº 9.099/95), a seu turno, estabeleceu procedimento próprio para demandas de menor complexidade, isentando seus legitimados, inclusive, do pagamento de custas e despesas processuais.

O Ministério Público, paralelamente, tem tido presença cada vez mais marcante em nossa sociedade, valendo-se desde procedimentos preparatórios e investigativos (como é o caso de inquéritos) até ações civis públicas.

Mesmo as associações, que têm também legitimidade para propor ações civis públicas (desde que preenchidos certos requisitos legais), são cada vez mais presentes e atuantes.

Tudo isso se coloca em um contexto em que os meios de comunicação ganharam força, em especial com o avanço da internet, aplicativos e redes sociais; a partir desses meios de comunicação, informações, corretas ou incorretas, espalham-se em uma velocidade incrível.

É aí que bons projetos, devidamente estruturados e com alinhada e eficiente troca de informações, em um diálogo transparente e produtivo, farão a diferença.

A importância que a governança corporativa ganhou ao longo dos últimos anos, em especial na construção civil, haja vista os recentes escândalos de corrupção, é prova dessa perspectiva e força a revisão de paradigmas. É isso que, de forma interdisciplinar, tem de ser aplicado.

Guardadas as devidas proporções, vem à lembrança a poesia de Camões:

> "Mudam-se os tempos, mudam-se as vontades, Muda-se o ser, muda-se a confiança: Todo o mundo é composto de mudança, Tomando sempre novas qualidades"

É nessa mudança positiva que se aposta.

Bibliografia

ABNT. NBR 15575-1: Edificações habitacionais – Desempenho – Parte 1: Requisitos gerais. Rio de Janeiro, 2013.

BRASIL. **Constituição da República Federativa do Brasil de 1988.** Disponível em: <http://www.planalto.gov.br/ccivil_03/constituicao/constituicao.htm>. Acesso em: 31 jan. 2018.

BRASIL. **Lei nº 7.347, de 24 de julho de 1985.** Disponível em: <http://www.planalto.gov.br/ccivil_03/leis/L7347orig.htm>. Acesso em: 31 jan. 2018.

BRASIL. **Lei nº 8.078, de 11 de setembro de 1990.** Disponível em: <http://www.planalto.gov.br/ccivil_03/leis/L8078.htm>. Acesso em: 31 jan. 2018.

BRASIL. **Lei nº 9.099, de 26 de setembro de 1995.** Disponível em: <http://www.planalto.gov.br/ccivil_03/leis/L9099.htm>. Acesso em: 31 jan. 2018.

BRASIL. **Lei nº 10.257, de 10 de julho de 2001.** Disponível em: <http://www.planalto.gov.br/ccivil_03/leis/LEIS_2001/L10257.htm>. Acesso em: 31 jan. 2018.

BRASIL. **Lei nº 10.406, de 10 de janeiro de 2002.** Disponível em: <http://www.planalto.gov.br/ccivil_03/leis/2002/L10406.htm>. Acesso em: 31 jan. 2018.

BRASIL. **Lei nº 13.089, de 12 de janeiro de 2015.** Disponível em: <http://www.planalto.gov.br/ccivil_03/_ato2015-2018/2015/lei/l13089.htm>. Acesso em: 31 dez. 2018.

CAMÕES, L. **Sonetos.** Disponível em: <http://www.dominiopublico.gov.br/download/texto/bv000164.pdf>. Acesso em: 31 jan. 2018.

CRETELLA JUNIOR, J. **Comentários à Constituição.** 2.ed. Rio de Janeiro: Forense, 1993.

GHEZZI, L. **A Incorporação Imobiliária, à luz do Código de Defesa do Consumidor.** 2.ed. São Paulo: RT, 2011.

MARCONDES, F. (org.) **Direito da Construção:** estudos sobre as várias áreas do direito aplicadas ao mercado da construção. São Paulo: PINI, 2014.

MEDAUAR, O.; MENEZES, F. M. de. (coords.) **Estatuto da Cidade:** Lei 10.257, de 10.07.2001, comentários. 2.ed. São Paulo: RT, 2004.

MEIRELLES, H. L. **Direito de Construir.** 4.ed. São Paulo: RT, 1983.

RIZZARDO, A. **Condomínio Edifício e Incorporação Imobiliária.** 2.ed. Rio de Janeiro: Forense, 2012.

Glossário

Benchmarking – Busca por boas práticas no setor ou no mercado.

Benefício e Despesas Indiretas (*Budget Difference Income* – BDI) – É um elemento orçamentário que compõe o preço de venda adequado levando em conta os custos indiretos (os não relacionados a materiais, mão de obra, etc.), tais como as despesas da administração central, os custos financeiros, os impostos, as garantias, os seguros, os tributos e a margem de incerteza. Em termos gerais, o BDI é o rateio do lucro mais os custos indiretos, aplicado aos custos diretos.

Caminho crítico do projeto (*Critical Path Method* – CPM) – É a sequência de atividades que devem ser concluídas nas datas programadas para que o projeto possa ser concluído dentro do prazo final. Se o prazo final for excedido, é porque no mínimo uma das atividades do caminho crítico não foi concluída na data programada. Está diretamente ligado no planejamento do tempo, com o objetivo de minimizar o tempo da duração total do projeto.

Canvas – Corresponde a um quadro em branco que, em projetos, usamos para esboçar as principais informações sobre o gerenciamento de projetos, permitindo que cada *stakeholder* envolvido no seu desenvolvimento possa interagir de forma mais dinâmica e visual na construção do modelo de gestão.

Coach – Profissional que conduz o processo de *coaching*.

Coachee – Pessoa que passa pelo processo de *coaching*.

Coaching – Processo de desenvolvimento facilitado pelo *coach*.

Conhecimento organizacional – Conhecimento específico para a organização; ele é obtido por experiência. Informação que é usada e compartilhada para alcançar os objetivos da organização.

Contrato por administração/preço de custo – É o tipo de contrato no qual a construtora, responsável pela administração da obra, recebe um percentual do custo da obra, podendo ser fixado um prêmio na hipótese de o custo final da obra ser inferior ao montante prefixado. O risco e as variações do custo nesse modelo de contrato são todos do cliente.

Curva S – Forma gráfica de acompanhamento do desempenho de projetos. Por sua concepção é possível visualizar e entender os desvios entre o planejado e o realizado, de forma instantânea. Permite também avaliar tendências, uma vez que seus resultados contemplam todo o ciclo de vida do projeto.

Custo de oportunidade – Trata-se do custo de algo em termos de uma oportunidade renunciada, ou seja, o custo, até mesmo social, causado pela renúncia do ente econômico, bem como os benefícios que poderiam ser obtidos a partir dessa oportunidade renunciada ou, ainda, a mais alta renda gerada em alguma aplicação alternativa. O custo de oportunidade representa o valor associado à melhor alternativa não escolhida.

Empreitada global – Modelo de contrato no qual a construtora se sujeita à execução de uma obra, mediante remuneração a ser paga pelo contratante ou cliente, de acordo com as instruções recebidas e sem relação de subordinação. É um contrato para execução de obra certa e determinada, sob a direção e a responsabilidade do construtor, mediante as condições ajustadas com o cliente. As empreitadas são geralmente relacionadas a obras civis – construção, remodelação e demolição de edificações ou infraestrutura.

Gestão do projeto – Corresponde à ação de coordenar, orientar, aprovar, identificar necessidades de mudanças e resolver conflitos em um projeto para mantê-lo em conformidade com os requisitos e critérios previamente definidos.

Governança em projetos – Trata da organização das informações e dos costumes e ainda busca implantar uma gestão eficiente de processos e procedimentos estipulados para definir a forma com que a organização deve ser dirigida e controlada, visando coibir condutas que apresentem conflito de interesses e estejam dissonantes dos padrões de ética do projeto e da organização executora.

Incorporador – Pessoa física ou jurídica responsável pelo desenvolvimento de um empreendimento imobiliário, não sendo, na grande maioria das vezes, o executor do projeto. Normalmente assume a figura de cliente.

Levantamento quantitativo – Operação que consiste na medição e quantificação dos materiais e trabalhos necessários para a execução de uma obra, servindo de base para a elaboração e o controle do orçamento.

Linha de base dos custos – Versão aprovada do orçamento referencial do projeto, excluindo quaisquer reservas de gerenciamento. Só pode ser mudada por meio de procedimentos formais de controle de mudanças e é usada como base para comparação com os resultados reais.

Market share – Grau de participação de uma empresa no mercado em termos das vendas de um determinado produto; fração do mercado controlada por ela.

Mentoria (*Mentoring*) – É uma ferramenta de desenvolvimento profissional e consiste em uma pessoa experiente ajudar e compartilhar conhecimentos e experiências, aconselhando outra pessoa menos experiente.

Partes interessadas (*stakeholders*) – Um indivíduo, grupo ou organização que possa afetar, ser afetado ou sentir-se afetado por uma decisão, atividade ou resultado de um projeto.

***PMBOK® Guide* (PMI)** – Conjunto de conhecimentos de gerenciamento de projetos que correspondem aos processos de gestão que acontecem em um ciclo de vida de um projeto e as sugestões de ferramentas e técnicas que podem auxiliar na organização dos recursos necessários para geração de resultados que satisfaçam os *stakeholders* e permitam entregar benefícios ao negócio e ao cliente.

PRINCE2® – Metodologia que descreve o ciclo de vida de um projeto de forma linear ou em forma da cascata, ou seja, executam-se os estudos preliminares para aprovação, então o planejamento estratégico, que orientará o planejamento da gestão no nível do gerente de projetos e do líder do projeto, segue para aprovação e assim inicia-se a execução, que é monitorada ao longo de todo o período, avaliando mudanças solicitadas e contínua entrega de benefícios para todas as partes interessadas; aprovadas essas mudanças, caminha-se para o encerramento parcial e total, que deve considerar o aprendizado e os registros como parte importante de todas as responsabilidades e objetivos da metodologia.

Patrocinador do projeto (*Sponsor*) – Uma pessoa ou grupo que fornece os recursos e suporte para o projeto, programa ou portfólio e é responsável pelo seu sucesso.

Planos de conta – Qualquer sistema de numeração utilizado para monitorar os custos do projeto por categoria (por exemplo, mão de obra, suprimentos, materiais e equipamentos). O plano de contas do projeto normalmente se baseia no plano de contas empresarial da organização executora principal.

Preço máximo garantido – Contrato pelo qual a construtora se propõe a edificar o prédio por um valor previamente orçado. Se o custo da obra foi ultrapassado, a construtora arca com o prejuízo; se, contudo, ela conseguir construir por menos, recebe uma bonificação proporcional a essa economia.

Princípio de Pareto – Afirma que, para muitos eventos, aproximadamente 80% dos efeitos vêm de 20% das causas.

Processo – Os processos têm atividades inter-relacionadas com entradas para prover saídas. A organização possui processos que podem ser definidos, medidos e melhorados. Esses processos interagem para entregar resultados consistentes com os objetivos da organização. Alguns processos podem ser críticos, enquanto outros não são.

Projeto – Consiste de um esforço temporário para a organização de matérias-primas, equipamentos e recursos humanos em uma sequência de processos capaz de criar um produto, serviço ou resultado único.

Scrum – Metodologia fundamentada nos princípios ágeis. O passo inicial consiste no levantamento de uma lista de requerimentos do produto e do projeto, que será estimado e priorizado para em seguida ser executado, testado e com contínuo alinhamento com os clientes. À medida que as interações ocorrem, estágios e entregas são aprovadas e se aprende algo novo (novos requerimentos). Prossegue-se o projeto até que as partes interessadas estejam satisfeitas com o produto.

Sistema de gestão – Gerencia a interação de processos e recursos necessários para agregar valor e realizar resultados para as partes interessadas pertinentes.

Valor agregado – A medida do trabalho executado expressa em termos do orçamento autorizado para tal trabalho.